JN096569

最新OS
を
使いこなす!

ウインドウズ イレブン

Windows11

新機能

完全マニュアル

村松茂　著

秀和システム

■本書で使用しているパソコンについて

本書では、インターネットやメールを使うことができるパソコンを想定して手順解説をしています。使用している画面やプログラムの内容は、各メーカーの仕様により一部異なる場合があります。各パソコンの固有の機能については、各メーカーのホームページなどをご参照ください。

■本書の編集にあたり、下記のソフトウェア及び端末を使用いたしました

・Windows 11

OSやそのバージョン及びエディション、又はお使いの機種の違いによっては、同じ操作をしても画面イメージが異なる場合がありますが、機能や操作に大きな相違はありません。

■注意

(1) 本書は著者が独自に調査した結果を出版したものです。

(2) 本書の内容について万全を期して作成いたしましたが、万一、不備な点や誤り、記載漏れなどお気付きの点がありましたら、出版元まで書面にてご連絡ください。

(3) 本書の内容に関して運用した結果の影響については、上記 (2) 項にかかわらず責任を負いかねます。あらかじめご了承ください。

(4) 本書の全部、または一部について、出版元から文書による許諾を得ずに複製することは禁じられています。

(5) 本書に掲載されているサンプル画像は、手順解説することを主目的としたものです。よって、サンプル画面の内容は、編集部で作成したものであり、全て架空のものでありフィクションです。よって、実在する団体・個人および名称とは何ら関係がありません。

(6) 商標

Windows 11 は、米国 Microsoft 社の米国およびその他の国における商標または登録商標です。

その他、CPU、ソフト名、企業名、サービス名は一般に各メーカー・企業の商標または登録商標です。

なお、本文中では™および®マークは明記していません。

書籍の中では通称またはその他の名称で表記していることがあります。ご了承ください。

本書の使い方

このSECTIONの目的です。

このSECTIONの機能について「こんな時に役立つ」といった活用のヒントや、知っておくと操作しやすくなるポイントを紹介しています。

04-01
SECTION

ディスプレイの表示方法を確認する

解像度は推奨、拡大/縮小は見やすさを優先

Windowsは接続されているディスプレイの情報を取得して最適な解像度と拡大/縮小を設定します。通常はそのままで問題ありませんが、最初に設定を確認しておくことをおススメします。マン・マシン・インターフェイスは使い勝手の基本です。

ディスプレイの解像度と拡大/縮小の設定を確認する

1 [スタート] > [設定] をクリックして [設定] を開いてから、[ディスプレイ] をクリックします。

1 クリック

2 ディスプレイ解像度の [解像度] (ここでは [1920×1080(推奨)]) をクリックします。

ONE POINT **ディスプレイ解像度を落とす唯一の理由**

通常は推奨解像度を変更しませんが、4K (3840×2160) クラスの超高解像度になると、ディスプレイの接続方法によっては描画速度が遅くなり、使い勝手が悪くなる場合があります。
ビデオカードを上位の製品に変更する、接続方法をHDMIからDisplayPortに変更する──などハードウェア的な変更が根本的な解決方法ですが、ソフトウェア的には解像度を落とすことで描画が速くなります。一時的な解決方法としては有効です。

操作の方法を、ステップバイステップで図解しています。

用語の意味やサービス内容の説明をしたり、操作時の注意などを説明しています。

はじめに

　2021年6月25日、衝撃が走りました。「Windows 10は主要なデスクトップソフトウェアの最終のバージョン」としてきたマイクロソフトが前言を撤回して、Windows 11の発売を発表したのです。しかし本当の衝撃は新しいバージョンのWindowsということではなく、Windows 11の最小システム要件にありました。

　「UEFI、セキュアブート対応」については、現役PCのアーキテクチャーでは当たり前なので驚くような要件ではありません。問題は「TPM 2.0対応」にあります。技術的な問題はここでは詳しく述べませんが、個人向けPCに限れば、2016年後半以降に発売された製品に限られます。

　アップルが数年前の技術を切り捨てる話は驚くに値しませんが、マイクロソフトがたった5年前の技術を切り捨てるのはおそらくWindows史上初めての事例です。案の定、筆者が所有する数台のPCはすべてWindows 11非対応でした。本書執筆のために新たにWindows 11対応PCを購入した次第です。

　とはいえWindows 11は多少の投資をしても乗り換える価値のあるOSに仕上がっています。Windows 10ユーザーならすぐにとはいいませんが、近い将来必ず乗り換えたくなる魅力的な機能を備えています。本書がこの新しいOSに興味をお持ちの方の参考になれば幸いです。

2021年10月

村松 茂

目　次

Windows 11各画面解説と主な新機能

Windows 11にはいくつかの新機能が搭載され、かつてあった機能が一部復活したものもあります。スタートメニューが中央揃えになったデスクトップデザインが目を引きますが、ウィンドウ操作など使い勝手の面でも大きく改善されています。ここではWindows 11と従来のWindowsと比べて、大きく変わった点を対比する形で解説します。

刷新されたデスクトップ

Windows従来のスタートメニューはデスクトップ左に表示されていましたが、Windows 11のスタートメニューはデスクトップ中央に表示されるように変更されました。

ディスプレイの大画面化で視野の端に追いやられていたスタートメニューが中央に配置されることで、項目が視野の中央に集中して見やすくなりました。

これにともなってスタートボタンとピン留めされたアプリがデスクトップ下のタスクバーに中央揃えとなり、macOSのDockと似た配置になりました。

▲Windows 10までスタートメニューはデスクトップ左下に配置されていました

▲Windows 11ではスタートメニューがデスクトップ中央に表示されます

スナップレイアウト

　デスクトップデザインの変更に目を奪われがちですが、ウィンドウ操作も大きく改善されました。

　Windowsでは複数のアプリウィンドウをデスクトップに同時に開いて操作するのが通常の使われ方です。しかしウィンドウが重なって四苦八苦する場面が少なくありません。Windows 7以降、キーボードショートカットによる画面の再配置機能が改善されましたが、操作手順が煩わしいのが弱点でした。

　Windows 11のスナップレイアウトでは、あらかじめ用意された数種類のレイアウトから選択して、デスクトップのどの部分にウィンドウを配置するのか簡単に選択できる機能です。

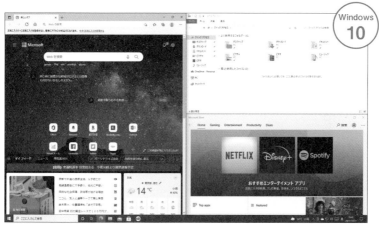

▲Windows 10ではキーボードショートカットを駆使すれば、左右半分や左右上下4分の1にウィンドウを配置できましたが、操作に手間がかかりました

▲Windows 11では数種類のレイアウトから選択してウィンドウを簡単に配置できます

新しくなったシステムアイコン

　Windows 11ではほぼすべてのアイコンのデザインが新しくなりました。エクスプローラーで個人用フォルダーを開いてみると、これは明らかです。

　Windows 10では個人用フォルダーのフォルダーアイコンはすべて同じ共通の黄色いフォルダー上に表示される小さなアイコンで区別していました。

　Windows 11では個人用フォルダーのアイコンがそれぞれ別の色のフォルダーになっていて、見分けがつきやすくなりました。またリボンが廃止され、よく使う切り取り、コピー、名前の変更、削除などのボタンが常時表示されます。

▲Windows 10の個人用フォルダーは共通の黄色いフォルダー上に表示される小さなアイコンで区別していました

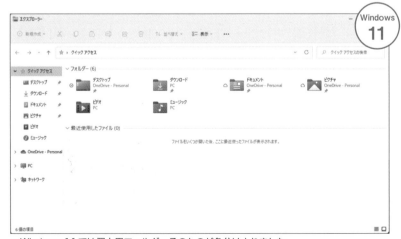

▲Windows 11では個人用フォルダーそのものが色分けされました

仮想デスクトップが使いやすくなった

　Windows 11ではタスクビュー機能で実現される仮想デスクトップの背景の画像が個別に設定できるようになりました。

　タスクビュー機能による仮想デスクトップはWindows 10にも実装されていましたが、デスクトップの名前を変更できるものの、背景の画像は個別に選択できませんでした。

　Windows 11では異なる背景の画像が設定できるので、各デスクトップが一目で区別できるようになり、とても使いやすくなりました。

　なおタスクビューで表示されるデスクトップは画面下部から画面上部に移動になりました。

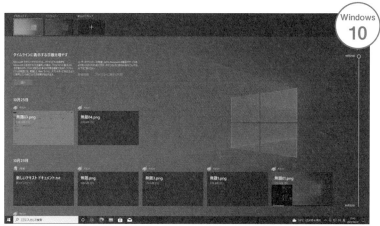

▲Windows 10では、デスクトップの名前だけ変更できましたが、背景は同じ画像しか利用できませんでした

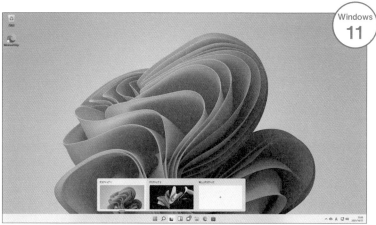

▲Windows 11では、デスクトップの名前の変更に加え背景の画像を個別に設定できるようになりました

19

復活したウィジェット機能

Windows 11ではウィジェット機能が復活しました。ウィジェットとは時計、天気など簡易情報を表示できるミニアプリです。

Windows Vistaでガジェットという名称で導入され、Windows 7に引き継がれた後、安全性の問題で不具合があり、Windows 8以降廃止になっていました。

Windows Vista/7のガジェットはデスクトップ右のサイドバーに常時表示されていました。Windows 11のウェジェットはタスクバーにピン留めされた［ウィジェット］をクリックすると、ウィジェットボードが開いてウィジェットを表示される仕組みに変更されています。

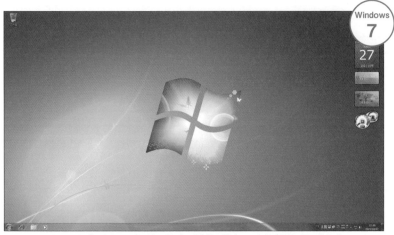

▲Windows 7ではデスクトップのサイドバー領域にガジェットを表示していました

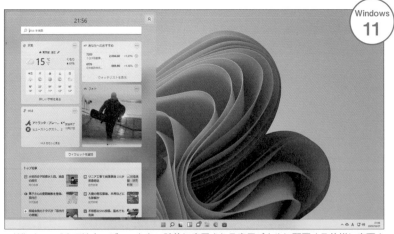

▲Windows 11ではウィジェットを一時的に表示される専用パネルに配置する仕様に変更されました

Windows 11上でAndroidアプリが動作する

　マイクロソフトはWindows 11でAndroidアプリが動作すると発表しました。

　マイクロソフトの発表によると、Microsoftストア内にAmazon Appstoreが追加され、ここからAndroidアプリをダウンロード・インストールできるようになるようです。つまりAmazonアカウントによるログインも必要になるようです。

　しかし2021年10月現在、日本ではMicrosoft Store内にAmazon Appstoreはまだ確認できません。発売後の対応になるようですが、今後どのようなAndroidアプリが使用できるようになるのか注目したいところです。

▲Windows 10のMicrosoft Storeに はAmazon Appstore
は表示されません

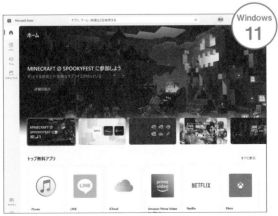

▲Windows 11ではMicrosoft Store内のAmazon Appstore
からAndroidアプリがダウンロード・インストールできるように
なる予定ですが、2021年10月現在、まだ用意されていません

OSに統合されたTeamsベースのチャット機能

新型コロナウイルスのまん延により、リモートワークの普及が進みました。その結果、Zoomに代表されるビデオ会議アプリが注目をされ、Microsoft Teamsもこれを追っています。

Microsoft Teamsはもともと業務用のビデオ会議アプリでしたが、チャット、通話、ビデオ通話を集約し、対象も業務用に加え個人用に守備範囲を広げています。

Windows 11では個人用Microsoft Teams機能をOSに統合し、手軽に使えるアプリとして力を入れています。そのため従来、個人用のチャット、通話、ビデオ通話を担ってきたSkypeはWindows 11ではプレインストールされなくなりました。

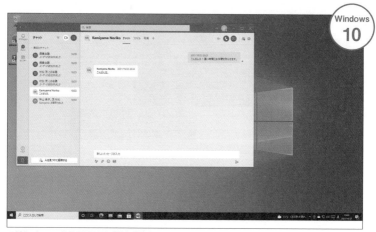

▲Windows 10 PCでも個人用Microsoft TeamsをインストールすればWindows 11 PCとの間でチャット機能を利用できます

▲Windows 11では個人用Microsoft Teamsが統合され、タスクバーにピン留めされたチャットが使えるようになりました

Windows11は
どんなOS？

「Windows10はWindowsの最終バージョン」としてきたマイクロソフトが前言を撤回して、2021年10月5日にWindows11を発売しました。Windows10では年2回定期的に大幅なアップデートを繰り返して、部分的には大きな変更をしてきました。しかし大幅なアップデートという範ちゅうには収まらなくなり、Windows11の登場となったわけです。本書ではこの最新Windowsの内容を詳細に解説していきます。

Windows11はここが新しい

新しいスタートメニューとスナップレイアウト

新しいWindowsのデスクトップを目にして、最初に驚くのがスタートボタンの配置です。伝統的な左下から下中央に変更されました。これはスタートメニューをデスクトップの左から中央に移動するための措置と考えられます。

スタートボタンがデスクトップ下中央寄りに

　Windows11はデスクトップの鮮やかな新しい背景の画像に目を奪われます。しかしよく見ると従来のWindowsとの大きな違いに気づきます。

　それはスタートボタンの配置です。これまでWindows既定のスタートボタンの位置は伝統的にデスクトップの左下端に配置されていました。スタートボタンをクリックしてスタートメニューを開き、アプリを選択して作業を始めるというのが、従来のWindowsの模範的な使い方でした。

　しかしデスクトップの左側にアプリのショートカットアイコンを多数配置して、ダブルクリックでアプリを起動するのが多くのユーザーの使い方です。さらに先進的なユーザーはアプリをタスクバーにピン留めして、シングルクリックで起動するという方法を採用しています。

　Windows11ではそのスタートボタンがタスクバーにピン留めされたアプリと並んで下中央揃えで配置されています。これはアプリのランチャーとしての役割が左端のスタートメニューからタスクバーに移行してきた流れを反映したものであると考えられます。

▲新しい壁紙が鮮やかなWindows11のデスクトップ。スタートボタンとピン留めされたアプリはタスクバーの中央揃えに配置されました

ディスプレイが大画面化して、左下は視野の端に追いやられる現状を考えると、下中央の見やすい場所にランチャー機能が移動したのは理にかなっています。マウスポインターの移動距離も全体的には節約できそうです。

スタートメニューもコンパクトに進化

　Windowsのスタートメニューは伝統的に、アプリの一覧が縦にずらっと並んでいました。少しずつ工夫され、Windows 10では、スタートメニューの左側がアプリの一覧、右側がピン留めされたアプリというような二重構造になっていました。

　しかしこれはメニューが重複している状態で、ほとんどのユーザーはどちらか一方しか使っていなかったのではないでしょうか。

　Windows11では従来、スタートにピン留めされたアプリとおすすめ（最近使用したドキュメントなど）だけが表示され、[すべてのアプリ]をクリックすると、すべてのアプリの一覧に切り替わるという仕組みになりました。

▲スタートボタンの配置にしたがって、スタートメニューはデスクトップ中央に表示されます

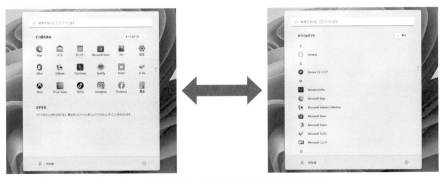

▲スタートメニューとすべてのアプリがトグル式に切り替わるようになりました

スナップレイアウトで簡単にウィンドウを整理

　スナップレイアウトとは、Windows11で初めて導入された画期的なウィンドウのリサイズ・再配置機能です。

　これまでウィンドウの簡単なリサイズ・再配置は1回の操作では、①元のサイズ、②全画面、③最小化、④左右どちらか半分──という選択肢しかありませんでした。

　これに対してスナップレイアウトはあらかじめ用意された数種類のレイアウトから選択して、簡単にウィンドウをリサイズ・再配置を選択できるという機能です。複数のアプリをデスクトップ全面を使って効率よく配置できるので、ウィンドウのリサイズ・再配置を手間に感じてきたユーザーには大きな朗報です。

▲ [□]（最大化）をポイントすると、スナップレイアウトが開き、ウィンドウごとに配置を選択していくと、デスクトップを最大限に使用できます

　タスクバーに配置された［チャット］というボタンは、チャットとビデオ会議の入り口です。［会議］［チャット］のどちらかをクリックすると、それぞれのポップアップウィンドウが立ち上がります。これはWindows11に内包された個人用Microsoft Teamsの機能により実現しています。

　新型コロナウイルスのまん延によりリモートワークという新しい働き方が一般的に浸透してきました。いくつかあるリモートワーク向けのアプリの中で最も注目を集めたのがビデオ会議アプリで、Zoomがその代表的なものです。

　Microsoft Teams、Google MeetなどITの巨人もこの動きに合わせて従来からあるビデオ会議アプリを強化しました。どちらも1対1人のビデオ通話から複数人のビデオ会議まで音声・映像を使ったコミュニケーションを一つのアプリでカバーする試みは共通しています。

　法人用Microsoft TeamsはMicrosoft 365と相性がいいため業務目的のビデオ会議では広く使われています。個人用Microsoft TeamsをWindows11に内包して、家庭用アプリとしても浸透させるという狙いです。

　ビデオ会議と聞くと少し気後れしますが、LINEなどで普及したビデオ通話の延長線上にあると考えれば、それほど難しいものではありません。

▲最初に使用するMicrosoftアカウントを選択してチャットを開始します

▲標準搭載されるようになった個人用Microsoft Teams。チャットからも呼び出せます

Windows10からどこが変わったのか

使い勝手を維持しつつ意欲的に変身した

OSがアップグレードすると、一番気になるのが使い勝手の違いです。しかし、Windows11はWindows10から使い勝手は引き継がれているので、戸惑いはあまり感じません。しかし、いくつか注意する点があります。

デスクトップデザインの変更

　Windows10からWindows11にアップグレードして、最もユーザーの目を引くのがデスクトップ周りのデザインの変更です。ウィンドウの角が丸くなり、アイコンも大幅に変更されました。デザインの変更に目を奪われがちですが、使い勝手も大きく向上しています。この点はWindows 11を使い込んでいくと感じられるようになります。

▲デザインが一新されましたが、複数のアプリ開いて作業する基本的な使い方は従来のWindowsと変わりありません

スナップレイアウトの導入と仮想デスクトップの改善

　新機能のスナップレイアウトは使い勝手に大きな変化をもたらします。大画面化してデスクトップにウィンドウをどうやって配置すれば効率的か思い悩んでいたユーザーにはとてもうれしい機能です。

　さらにWindows10でもあった仮想デスクトップの背景を替えられるようになり、複数のデスクトップを快適に切り替えて使えるもの大きな利点です。

　つまりスナップレイアウトでデスクトップの配置を改善したうえで、タスクビューで実現する複数の仮想デスクトップを切り替えると、作業効率は一気に向上します。

▲スナップレイアウトでは複数のウィンドウを効率的に配置できます

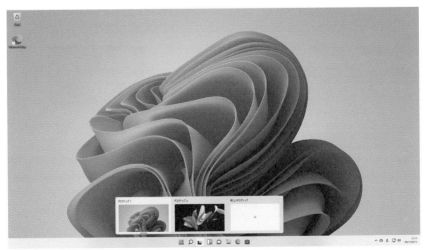

▲仮想デスクトップは背景を個別に選べるようになって使いやすくなりました

01

Windows 11はどんなOS?

Windows10から無償アップグレード

　スマートフォン、タブレットのAndroid、iOSなど機器が対応すればOSのアップグレードは無償化されています。macOSは常に古いMacを切り捨てる傾向にありますが、対応していればアップグレードは無償です。

　しかしこれらは基本的に機器とOSがセットで販売されるもので、Windowsとは全く事情が異なります。もちろんWindows搭載のメーカー製PCは全世界に流通していますが、一方では自作の空のPCに自分でWindowsをインストールするユーザーも少なくありません。そのためWindowsアップグレードの無償化はマイクロソフトにとっても多額の利益を捨てる覚悟が必要です。そんな中、Windows11はWindows10からのアップグレードが無償となりました。

　Windows10の場合、期間限定でWindows7/8.1からの無償アップグレードが可能でしたが、今回は2021年10月5日から少なくとも1年間となるようです。最小システム要件が厳しいので無償アップグレードの恩恵を受けられるPCは限定的ですが、Windows11に対応したWindows10 PCユーザーは一考の余地があります。

▲Windows11のインストールメディアとしてISOファイルも提供され始めたので、クリーンインストールもしやすくなりました

Androidアプリが動作する

　Windows11ではAndroidアプリの動作も可能になります。しかしAndroidアプリ対応の詳細については2021年9月現在、Microsoft Store内のAmazon AppstoreからAndroidアプリが提供されるという情報があるだけで、詳しい提供方法やアプリのラインアップは全くわかりません。

　しかしWindowsユーザーが純正アプリではなく、あえてAndroidアプリを使用する状況は、Windowsアプリで同じ機能が提供されないAndroidアプリが使いたい場合になると推察されます。

　おそらくゲームをはじめとするエンターテインメント系アプリが中心になりそうですが、実用性の高いアプリへの対応も期待されます。たとえばゆうパックの「スマホ割」というゆうパック料金を安くできるアプリはWindowsに対応していません。こういった実用性の高いアプリが使用できるようになるのか興味深く見守りたいと思います。

▲2021年10月現在、Microsoft Store内にまだAmazon Appstoreは用意されていません

▲サードパーティ製のAndroidエミュレーターではすでに登場しています（画面はBlueStacks 5）。Amazon Appstoreが利用可能になれば、どんなAndroidアプリが使えるようになるのでしょう

31

唯一のWebブラウザーとなってMicrosoft Edge

　Internet Explorer（IE）はすでに開発が中止され、2022年6月16日に一般ユーザー向けサポートが終了となります。サポート終了後は起動しようとすると、Microsoft Edgeが起動するようになるという情報です。

　Windows10には既定のWebブラウザーとしてMicrosoft Edgeが搭載されていますが、IEもプレインストールされスタートメニューに登録されています。設定を変更すれば、既定のWebブラウザーにもなります。また古いメーカー製PCのサポートページを開くWebブラウザーとしてInternet Explorerが設定されていることもあります。

　Windows11ではIEのサポート終了に先立って、IEをプレインストールアプリから外しました。IE愛用者には残念ですが、サポート終了で安全性にも大きな危惧が生じるので、早めにMicrosoft Edgeなど現役のWebブラウザーを既定に変更したほうがいいでしょう。なおGoogle Chromeなど現役の主要Webブラウザーは順次Windows11に正式対応すると思われます。

▲消えゆくInternet Explorerの救済措置として、Microsoft EdgeにはInternet Explorerモードが用意される

ゲーム機能の強化

　ゲーム機能の強化という分野では、すでにXbox Series Xに採用されててるAuto HDRとDirect Storageが搭載されました。

　このうちAuto HDRは、SDR（Standard Dynamic Range＝標準ダイナミックレンジ）のゲームを、HDR（High Dynamic Range＝高ダイナミックレンジ）対応のディスプレイでプレイする時、自動的に広い色域表現で描画する機能です。

　またDirect Storageは、NVMe SSD搭載のPCで、ゲームの読み込み時間を大幅に短縮する機能です。

　つまり画質的にも速度的にもゲームに資する機能が搭載されたと考えればいいでしょう。しかしどちらも対応ハードウェアを搭載して初めて効果を発揮するので、すべてのWindows11 PCでこの恩恵を受けられるわけではありません。

▲古いディスプレイのHDR対応はほとんど絶望的です。ここ数年に発売された製品に限られます

 NVMe

　NVMe（Non-Volatile Memory Express）は、インテル、サムスン、デルなどが参加する団体が策定したSSD接続規格です。NVMe接続のSSDは、現在主流のSATA接続のSSDと比較して小型で、高速転送が特徴です。

▲インテル製のMVMe SSD「SSDPEKKW010T8X1」。マザーボード上のM.2スロットに差し込んで使用する

01

Windows 11はどんなOS？

Windows11で使えなくなる機能とは

消えるアプリと主役の座を譲るアプリ

Windows10を使ってきたユーザーが最も気になるのが、Windows11になって使えなくなる機能です。Internet Explorerのように完全に提供がなくなる機能と、Skypeのように主役の座を他に譲って表舞台から消える機能が存在します。

ついに姿を消すInternet Explorer

Windows 95に搭載されてから20年以上もWindowsの既定のWebブラウザーとしてInternet Explorerは君臨してきました。Windows10で既定のWebブラウザーの座を後継のMicrosoft Edgeに譲りましたが、互換性維持のため引き続きプレインストールされていました。しかしWindows11ではプレインストールされず、ダウンロードもできません。

▲Windows11で提供されなくなったInternet Explorer。Windows10のInternet ExplorerもMicrosoft Edgeへの意向が促されます

表舞台から消えたCortana

　CortanaはWindows10のセットアップ時や初回起動時に起動する音声アシスタントです。Windows11にも引き続きプレインストールされます。しかしWindows10では標準でタスクバーにピン留めされた［○］（Cortanaに話しかける）は姿を消すなど、あまり目立たない存在になります。

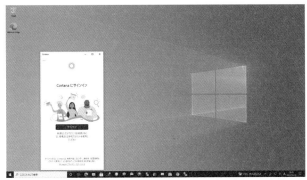

▲CortanaはWindows 10では初期セットアップの途中から有効になり、タスクバーにも配置されていました

Microsoft Teamsに役割を譲ったSkype

　ビデオ電話アプリのSkypeはWindows11では標準搭載されません。これは上位のコミュニケーションアプリである個人用Microsoft Teamsが標準搭載された影響と考えられます。
　なおWindows 10からアップグレードした場合、Skypeはそのまま引き継がれます。またMicrosoftストアからダウンロード・インストールすれば利用できます。
　この他、3Dビューアー、OneNote for Windows10、ペイント3Dもプレインストールされませんが、Microsoftストアからダウンロード・インストールできます。

▲LINE、Facebook Messengerなど他のチャットアプリが対応する中、Skypeは使わずじまいというユーザーは少なくないのではないでしょうか

廃止されたタブレットモード

　PC・タブレット両対応のハイブリッド機器などで重宝するタブレットモードは姿を消します。その代わり、キーボード取り付け・取り外しに対応する新しい機能が追加されました。
　Windows10のタブレットモードがそれほど使用されず、デスクトップモードで使用するユーザーがほとんどという現状を反映したと考えられます。

▲Windows10では、Windows8/8.1から引き継いだタブレットモードが利用できました

早くも削除されたタイムライン

　タイムライン機能とは、過去にWindowsで操作した作業をさかのぼって検索できる機能です。Windows10 April 2018 Update（バージョン1803）で導入され、既定ではタスクバーのCortanaの隣にピン留めされます。かなり新しい機能ですが、早くも姿を消しました。
　過去の作業履歴を簡単に閲覧できるので便利ですが、一方では席を離れた一瞬で他の人に過去の作業履歴を見られてしまう危険性もあります。憶測ですが、安全面を考慮して削除されたのではないかと思います。

▲最近のPCのすべての作業が一覧できるタイムライン。使い勝手の向上には寄与するものの、盗み見られると気持ちのいいものではありません

01-04
SECTION

Windows11が動作するPCとは

PC正常性チェックでWindows11対応が確認できる

Windows11は従来のアップグレードよりそのハードルが高くなります。そこで使用中のPCがWindows11に対応しているかどうかを確かめるツール「PC正常性チェック」が提供されています。さっそく試してみましょう。

PC安全チェックでWindows 11対応を判定

[スタート]→[設定]→[Windows Update]を開いて、右上に[PC正常性チェックを受ける]をクリックすると、[PC正常性チェックアプリのダウンロード]リンクが表示され、クリックするとダウンロードができます。

PC Health Check（PC安全性チェック）のセットアップファイルを実行してインストールします。アプリを起動したら後は[今すぐチェック]をクリックするだけです。Windows11のシステム要件がチェックされます。チェック項目は以下の通りです。
・セキュアブート対応
・TPM 2.0対応
・CPU対応
・システムメモリ容量
・システムディスク容量
・CPUのコア数
・CPUのクロック速度

▲ [PC正常性チェックを受ける] をクリックします

▲ [PC正常性チェックのダウンロード] をクリックします

Windows11はどんなOS？

01

セキュアブートはファームウェアがUEFIでないと有効にできないので、このチェックはUEFI対応も含まれています。

　なお最小システム要件の要素の一つDirectX 12対応についてはチェックされません。しかしこれはWindows10自体がDirectX 12対応のためチェックする必要がないためと思われます。

▲チェック項目がすべて緑判定が並ぶと、そのままの状態でWindows 11にアップグレードできます

▲チェック項目の黄判定が含まれる場合、ファームウェアの設定を変更すればWindows 11にアップグレードできる可能性があります

▲チェック項目で赤判定が含まれる場合、ファームウェアの設定を変更してもWindows 11にアップグレードできません

メーカーは発売済み自社PCのWindows11対応をテスト

　最小システム要件が厳しくなった関係で、現在メーカー製PCを使用しているユーザーの戸惑いは大きいと思います。ある程度の専門的な知識があれば、詳細にPCの構成を調べれば対応・非対応は判断できます。しかし最小システム要件はCPU、メモリ、ストレージなどPCの基本構成の範囲を超えているので、PCに詳しくないユーザーには判断が難しいのではないでしょうか。

　しかし主要PCメーカーは発売済みの自社製のWindows10 PCのWindows11へのアップグレードをテストしていて、テスト済みの機種一覧を公表しています。まずは自分のPCのメーカーサイトを確認してみてください。

▲デルなど主要PCメーカーは発売済みのWindows10 PCでWindows11へのアップグレードがテスト済みの機種一覧を公表しています

マイクロソフトが対応CPUを公表

Windows11の最小システム要件のCPUは性能面では決してハードルが高くありません。しかしCPUに内蔵されるTPM 2.0機能が実際のCPUの対応・非対応に大きく影響しています。

基本的には2017年第3四半期以降に発売されたCPUがWindows11に対応します。具体的にはマイクロソフトが、Windows11でサポートされているIntel、AMD、Qualcommの各プロセッサを公表しているので、これらのWebページで確かめるのが早道です。なお対応CPUの数は膨大なので各自ご自身でWebページを参照してください。

製造元	ブランド	モデル
Intel®	Atom®	x6200FE
Intel®	Atom®	x6211E
Intel®	Atom®	x6212RE
Intel®	Atom®	x6413E
Intel®	Atom®	x6414RE
Intel®	Atom®	x6425E
Intel®	Atom®	x6425RE

▲Windows11でサポートされているIntel プロセッサ
https://docs.microsoft.com/ja-jp/windows-hardware/design/minimum/supported-windows-11-supported-intel-processors

製造元	ブランド	モデル
AMD	AMD	3015e
AMD	AMD	3020e
AMD	Athlon®	3000G
AMD	Athlon®	3000E
AMD	Athlon®	300U
AMD	Athlon®	320GE
AMD	Athlon®	Gold 3150C

▲Windows11でサポートされているAMD プロセッサ
https://docs.microsoft.com/ja-jp/windows-hardware/design/minimum/supported-windows-11-supported-amd-processors

製造元	ブランド	モデル
Qualcomm®	Snapdragon™	Snapdragon 850
Qualcomm®	Snapdragon™	Snapdragon 7c
Qualcomm®	Snapdragon™	Snapdragon 8c
Qualcomm®	Snapdragon™	Snapdragon 8cx
Qualcomm®	Snapdragon™	Snapdragon 8cx (Gen2)
Qualcomm®	Snapdragon™	Microsoft SQ1
Qualcomm®	Snapdragon™	Microsoft SQ2

▲Windows 11でサポートされているQualcomm プロセッサ
https://docs.microsoft.com/ja-jp/windows-hardware/design/minimum/supported-windows-11-supported-qualcomm-processors

PC自作ユーザーは対応マザーボードを確認する

CPUは必ず対応するマザーボードとセットで考える必要があります。メーカー製PCであれば前述したようにPCメーカーのWindows11へのアップグレードに対応したWindows10 PCの一覧を調べればわかりますが、自分でPCを組み立てるユーザーはマザーボードメーカーのWindows11対応マザーボード一覧で確認する必要があります。

ASUS、MSI、ASRockなど主要マザーボードメーカーは自社製品のWindows11対応状況を様々な形で告知しています。メーカーによって対象ページは異なりますが、サポートやFAQなどで調べれば情報が見つかるはずです。

▲ASUSはサポートページに自社製マザーボードにWindows11対応製品とインストールする方法を掲載しています

Windows11の最小システム要件とは

カギはTPM 2.0対応

Windows11の最小システム要件は、CPU、メモリ、ストレージなどPCの主要部分ではWindows10とあまり変わりません。しかしUEFI対応、セキュアブート有効が不可欠になり、さらにTPM 2.0対応が大きくハードルを上げています。

厳しくなった最小システム要件

　Windows11プレインストールPCを新たに購入するユーザーには関係がありませんが、現在使用中のWindows10 PCをWindows11にアップグレードしようと考えているユーザーにとって最小システム要件はとても重要です。

　アップルが過去の資産を切り捨てて新しいmacOSを開発する姿勢はいまも変わりませんが、マイクロソフトはこれまで過去の資産をかなりの部分引き継いて使用できるWindowsを開発してきました。しかしWindows11は2016年第2四半期以前のPCアーキテクチャーをかなり切り捨てています。このような措置はこれまでのWindowsの歴史では他に類を見ません。

　たとえば筆者はテスト用を含めて10台以上のPCを保有していますが、Windows11の最小システム要件を満たすPCは1台も見当たらず、本書執筆のためにWindows11対応PCを購入したくらいです。所有していたPCがすべて2015年製以前の製品だったからです。

▼Windows11システムの最小要件

	Windows10	Windows11
システムの種類	32ビット版／64ビット版	64ビット版のみ
プロセッサ	1GHz以上のプロセッサ またはシステム・オン・チップ（SoC）	1GHz以上で2コア以上の64ビット互換プロセッサまたはシステム・オン・チップ（SoC）
メモリ	1GB（32ビット版）／2GB（64ビット版）	4GB
ストレージ	16GB（32ビット版） または20GB（64ビット版）	64GB以上の記憶装置（SSD、HDDなど）
システムファームウェア	―	UEFI、セキュアブート対応
TPM	―	TPM 2.0対応
グラフィックス	DirectX 9以上／WDDM 1.0	DirectX 12互換／WDDM 2.x
ディスプレイ	800×600ピクセル	9インチ以上、HD解像度 （720p＝1280×720ピクセル）
インターネット接続	アップデートの実行、一部の機能の利用およびダウンロードには、インターネット接続が必要	Windows11 Home EditionのセットアップにはMicrosoftアカウントとインターネット接続が必要

ファームウェアはUEFI対応が不可欠

PCはWindowsに制御を渡す前にマザーボードに格納されたファームウェアを読み込み、組み込まれたハードウェアの動作を制御します。OS起動後はフォームウェアに処理を依頼して動作させるという仕組みです。

PCのファームウェアは当初、BIOS（Basic Input Output System）と呼ばれるものが採用されていました。OSの主流が32ビットの時代の話です。OSが64ビットになり、UEFI（Unified Extensible Firmware Interface）というものに置き換わってきました。

現在のPCはほとんどBIOSとUEFIを同時に搭載し、切り替えて使用できるようになっています。ただほとんどのメーカー製Windows PCは初期状態でUEFIに設定されています。UEFI非対応のファームウェアはおよそ2012年以前に製造されたものです。これらの多くはマウス非対応でキーボードのみで操作します。

Windows11の最小システム要件としてUEFI対応とありますが、現役のPCでUEFI非対応のものは現実的にかなり少ないと思います。ただファームウェアがUEFIに対応していても、BIOSモードで使用している可能性はあります。

PCがUEFIモードで動作しているか簡単に見極めるには、Windows10で［設定］＞［更新とセキュリティ］＞［回復］で［今すぐ再起動］をクリックして、［トラブルシューティング］＞［詳細オプション］を選択して［UEFIファームウェアの設定］が表示されれば、PCはUEFIモードで動作しています。

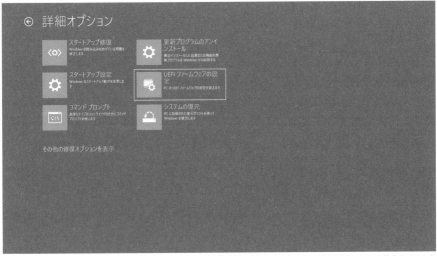

▲［詳細オプション］で［UEFIファームウェアの設定］が表示されれば、PCはUEFIモードで動作しています。

セキュアブート有効が求められる

　セキュアブートとは簡単にいえば、PCの起動時にデジタル署名などをチェックして安全なソフトウェアだけを動作させる仕組みです。システムがマルウェアを回避する重要な機能です。UEFIモードに対応していれば、ほぼセキュアブートに対応していると考えていいでしょう。

　セキュアブートは、ファームウェアの設定画面で有効/無効が切り替えらます。PC正常性チェックで「PCはセキュアブートをサポートしている必要があります」と表示される場合は、ファームウェアの設定でセキュアブートを有効にする必要があります。

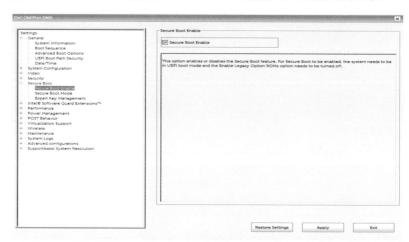

▲セキュアブートの項目はセキュリティのカテゴリに配置されます（画面はDell OptiPlex 3060のファームウェア）

▲比較的古いファームウェアでもセキュアブートにはほぼ対応しています（画面はASRock H77M-ITXのファームウェア）

TPM 2.0対応が不可欠

　TPM（Trusted Platform Module）とは、セキュリティ関連の処理機能をマザーボードの基板上に実装したセキュリティチップです。企業向けPCには古くから搭載されていました。

　しかしおよそ2016年中盤以降のPCはTPMを物理的に基板上に実装するのではなく、ファームウェアにTPM機能を内蔵するようになりました。多少、実装の仕方は異なりますが、Intel PTT（Platform Trust Technology）、AMD fTPM（firmware TPM）がそれにあたります。

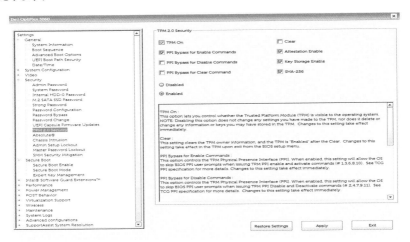

▲ TPM 2.0の項目はセキュリティのカテゴリーの中などに用意されます（画面はDell OptiPlex 3060のファームウェア）

▲ビジネス用途を除いて3年以上前のUEFIファームウェアはTPM 2.0未搭載で、Intel Platform Trust TechnologyなどTPMを有効にする項目が用意されません（画面はASUS P8H77-Iのファームウェア）

あまり気にする必要のないDirectX 12対応

DirectXのバージョンはWindowsのバージョンによって異なります。Windows10は
DirectX 12に対応していて、グラフィックスチップがこれに対応していれば、DirectX
診断ツールでバージョン12と表示されます。

Windows10がプレインストールされていたPCなら間違いなくDirectX 12に対応し
ています。Windows XP時代のPCをアップグレードしながら使い続けているとしたら、
ひょっとするとグラフィックスチップが古すぎて、DirectX 12に対応していないかもし
れません。

ただこのような古いPCはそもそも他の最小システム要件ではじかれてしまうので、Dir
ectXのバージョンをそれほど気にする必要はありません。

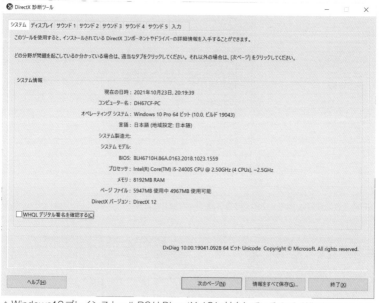

▲Windows10プレインストールPCはDirectX 12に対応しているので、Windows11への
アップグレードには支障になりません

Chapter

02

Windows11の新機能を
使いこなす

Windows11には多くの新機能が搭載されました。本章では新
機能に焦点を当て、その使い方を解説します。デザイン面での
変化に目を奪われがちですが、使い勝手が改善された点も少な
くありません。しかし、チャットやビデオ会議の完成度は不十
分で、2021年10月現在ではMicrosoft StoreにAmazon
Appstoreが配置されないなど未完成な部分も残っています。

スタートとすべてのアプリを切り替える

タイルが消えてすっきりしたスタートメニュー

Windows11のスタートメニューは配置が変わっただけではなく、使い方も変わりました。最初に表示されるのは、Windows11ではスタートメニュー右側のピン留め済みアプリの部分だけで、[すべてのアプリ]で表示を切り替えて使います。

ピン留め済みのアプリとすべてのアプリを切り替える

1 [スタート]をクリックします。

2 スタートメニューにはピン留め済みのアプリとおすすめが表示されます。[すべてのアプリ]をクリックする。

Windows7のスタートメニューと似ている

　Windows 11のスタートメニューの「ピン留め済みのアプリ」と「すべてのアプリ」を切り替えて表示します。
　これはWindows 7のスタートメニューとよく似ています。Windows 7では、「ピン留め」ではなく「スタートメニューに表示」、「すべてのアプリ」ではなく［すべてのプログラム］と用語は異なりますが、内容的には全く同じといっていいでしょう。

▲Windows7のスタートメニュー

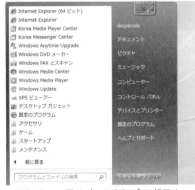

▲Windows7のすべてのプログラム

 ダークモードで気分を変える？

　Windows 11は既定でテーマがライトモードに設定されています。テーマをダークモードに変更すると、スタートメニューはもちろんデスクトップ全体の印象が変わります。
　各アプリのウィンドウもタイトルバーや背景が黒基調になり、老眼にはちょっとつらい明るさになります。ただ目に飛び込んでくるイメージが大きく変わるので、気分転換するにはいいかもしれません。季節的には、真冬にダークモードに設定するとかなり寒々しい感じがしますが、真夏にダークモードに設定すれば涼しげなデスクトップになるかもしれません。

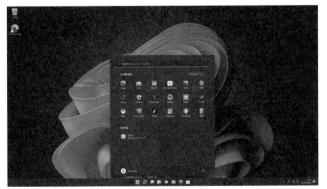

▲テーマをダークモードに変更すると、スタートメニューも黒基調になり、かなり暗めなデスクトップになります

3 アルファベット順にすべ
てのアプリが並びます。マ
ウスのスクロールボタン
を回転させる、または右側
のスクロールバーをド
ラッグするとスクロール
します。

4 メニューがスクロールさ
れる。[戻る] をクリック
する。

5 元のスタートに戻りまし
た。

 タイルがなくなってすっきり

　Windows 8以降、タブレットを意識したタイルが導入され、Windows 8.1/10のデスクトップモードでもスタートメニューの右側にはタイルが陣取っていました。

　タイルにはライブタイルのようなウェジェットの簡易表示に似た機能がありましたが、Windows 11ではウェジェットが導入されたのでライブタイルはその役割を終えたようです。

　スタートメニューの右側のタイル表示部分は必要に応じて、拡張できましたが、全く使わないユーザーも少なくないと思います。タイルを使わないユーザーには、タイルがなくなって不要な表示部分がなくなり、すっきりした印象です。

▲Windows 10ではスタートメニューの
右にピン留め済みのアプリがタイル形
式で表示されました

▲Windows 10のスタートメニューはタイルの表示領域は広
げられました

スタートにピン留めする／ピン留めを外す

よく使うアプリはスタートにピン留めする

Windows11でもアプリのスタートへのピン留め機能はWindows10から引き継がれています。アプリの起動手順を短縮するために、比較的使用頻度の高いアプリはスタートにピン留めするのが効率的です。

アプリをスタートにピン留めする

1 [スタート] > [すべての
アプリ] を開いて、アプリ
（ こ こ で は [Groove
ミュージック]）を右ク
リックし、[スタートにピ
ン留め] をクリックしま
す。[戻る] をクリックし
ます。

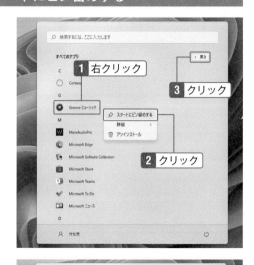

2 スタートメニューをスク
ロールします。

**ピン留めはすべての
アプリからが基本**

　すべてのアプリからスタートに
ピン留めする以外にもいくつかス
タートにピン留めする方法があり
ます。しかしここで紹介する方法
は例外なく使用できるので、確実
に身に付けておきましょう。

3 最後部にピン留めしたアプリ（ここでは［Groove ミュージック］）が確認できました。

アプリのピン留めをスタートから外す

1 スタートのアプリ（ここでは［Groove ミュージック］）を右クリックして、［スタートからピン留めを外す］をクリックする。

2 アプリ（ここでは［Groove ミュージック］）のピン留めが外れました。

 デスクトップショートからもスタートにピン留めできる

デスクトップに貼り付けられたショートカットアイコンを右クリックしてもスタートまたはタスクバーにピン留めできます。

タスクバーにピン留めする／
ピン留めを外す

最もよく使うアプリはタスクバーにピン留めする

Windowsのタスクバーには古くからクイック起動機能が備わっていました。スタート
メニューを開かなくても、アプリを起動できるので、最も使用頻度の高いアプリをタス
クバーにピン留めするといいでしょう。

アプリをタスクバーにピン留めする

1 すべてのアプリでアプリ（ここでは［Grooveミュージック］）を右クリックして、［詳
細］をポイントし、［タスクバーにピン留めする］をクリックします。

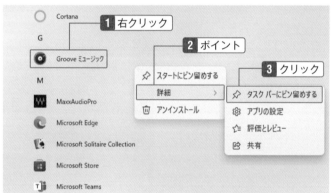

2 アプリ（ここでは［Grooveミュージック］）がタスクバーにピン留めされました

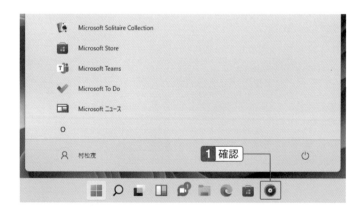

アプリのピン留めをタスクバーから外す

1 タスクバーのアプリを右クリックして、[タスクバーからピン留めを外す]をクリックする。

2 アプリのピン留めがタスクバーから外れました

ONE POINT 起動中のアプリはタスクバーにピン留めできる

起動中のアプリはタスクバーにボタンが表示されるので、ボタンを右クリックすると[タスクバーにピン留めする]または[タスクバーからピン留めを外す]が表示されます。

▲起動中のアプリのタスクバーにボタンを右クリックする

02-04

SECTION

スナップレイアウトでウィンドウを
再配置する

すみずみまで使いやすくなったデスクトップ

スナップレイアウトはあらかじめ用意された数種類のレイアウトから選択して、ウィンドウをリサイズ・再配置する機能です。画面を最大限に利用して、複数のウィンドウを効率よく配置できます。

スナップレイアウトでウィンドウを再配置する

1 任意のウィンドウの右上の [□] (最大化) ボタンをポイントすると、あらかじめ用意されたレイアウトが表示されます。

2 ウィンドウを配置する場所をクリックします。

3 次に配置するウィンドウ
をクリックします。

4 次に配置するウィンドウ
をクリックします。

5 すべてのウィンドウが指
定した位置に再配置され
ました。

Windows 11の新機能を使いこなす

 スナップレイアウトの種類

スナップレイアウトであらかじめ用意さ
れるレイアウトはディスプレイ解像度に
よって異なるようです。ディスプレイ解像
度1920×1080ピクセルで試したとこ
ろ、6種類のレイアウトが用意されました。

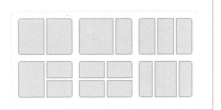

スナップグループ機能を使いこなす

最小化したウィンドウの一部またはすべてを元に戻す

スナップレイアウトした後で、一部またはすべてのアプリを最小化していても、タスクバーのボタンから単独のアプリまたはすべてのアプリをスナップレイアウトした元の配置に戻せます。

最小化したスナップレイアウト

1 スナップレイアウトしたアプリのウィンドウをすべて最小化しています。

単独のウィンドウを元に戻す

1 タスクバー上の最小化されたアプリのボタンをポイントし、表示されたサムネイルの左側をクリックする。

2 最小化された単独のアプ
リがスナップレイアウト
で配置された位置に復元
されました

`1` 選択

すべてのウィンドウを元に戻す

1 タスクバー上の最小化さ
れたアプリのボタンをポ
イントし、表示されたサム
ネイルの右側をクリック
します。

`1` ポイント

`2` クリック

2 最小化されたすべてのア
プリがスナップレイアウ
トで配置された位置に再
現されました。

`1` 確認

ONE
POINT
操作したウィンドウがアクティブになる

　最小化したアプリのどのボタンでも同じようにスナップレイアウトを元に戻せます。そして操作した
アプリがアクティブウィンドウとなります。

仮想デスクトップに別の背景を設定する

違う背景で複数のデスクトップが見分けやすい

タスクビューによる仮想デスクトップはWindows10から導入された機能です。各デスクトップの名称を設定できるのは従来通りですが、Windows11では各デスクトップで個別に背景を設定できるようになりました。

仮想デスクトップの背景を変更する

[タスクビュー] をポイントして、「デスクトップ2」のサムネール画像を右クリックし、[背景の選択] をクリックします。

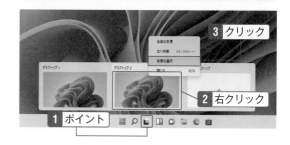

新しいデスクトップのサムネイルを右クリックして、[背景の選択] をクリックします。

 デスクトップの名前は変更できる

デスクトップの名前をクリックすると入力待ちになり、名前を変更できます。たとえばデスクトップ1を個人用、デスクトップ2を仕事用などに変更すれば、用途をはっきりできます。なおデスクトップの名前を削除すると、デスクトップ1、デスクトップ2……と元に戻ります。デスクトップの名前を変更する機能はWindows 10にも搭載されていました。

3 [設定] > [個人用設定] > [背景] が開いたら、デスクトップ1とは別の背景をクリックします。最近使った画像以外にしたければ [写真を参照] をクリックすると [ピクチャ] が参照できます。

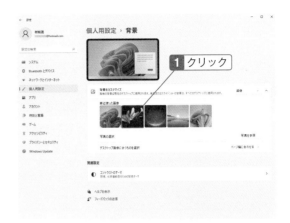

4 クリックした瞬間に背景の画像が変更されます。確認のためタスクバーの [タスクビュー] をポイントします。

5 デスクトップ2にデスクトップ1とは異なる背景が設定されました。

▲デスクトップ1とデスクトップ2に別の背景の画像が設定されているのが確認できます。

ONE POINT 単色やスライドショーも設定可能

　背景をカスタマイズの右上の [画像] をクリックすると、[単色] [スライドショー] と画像とは異なるオプションも表示されます。単色は既定で24色用意され、表示できるすべての単色にもカスタマイズできます。またスライドショーはフォルダーに含まれる画像を自動的に切り替えるので、使用する画像を同じフォルダーに保存して、そのフォルダーを選択します。

ウィジェットボードを開く／閉じる

ウィジェットボードを表示する仕様に変更された

タスクビューによる仮想デスクトップはWindows10から導入された機能です。各デスクトップの名称を設定できるのは従来通りですが、Windows11では各デスクトップで個別に背景を設定できるようになりました。

ウィジェットボードを開く／閉じる

1 タスクバーの［ウィジェット］をクリックする。

2 ウィジェットボード以外の場所をクリックします。

 ONE POINT ウィジェットボードという新しい仕掛け

本来、ウィジェットは常に表示されるものです。しかしWindows11のウィジェットボードは異なる作業を始めると閉じる仕様になっています。ウィジェット常にバックグラウンドで動作しているので、ウィジェットボードは開く／閉じるというより、表示／非表示を切り替えるといったほうが正解です。

3 ウィジェットボードが閉じました。

 ウィジェットはMicrosoftアカウントサインインが必要

ローカルアカウントでウィジェットボードを開くと、「ウィジェットを使用するにはMicrosoftアカウントでサインインしてください」と大きく表示されます。

OneDrive、Microsoft 365など個別にMicrosoftアカウントでサインインできるアプリもありますが、ウィジェットはこれに当てはまらず、WindowsにMicrosoftアカウントでサインインする必要があります。

▲ウィジェット利用には、WindowsにMicrosoftアカウントでサインインが必要

 ウィジェットの復権にスマートフォンが影響

かつてマイクロソフトはWindows 8でスマートフォン、タブレットのWindows OSへの取り込みを図りました。PCでWindows 8、タブレットでWindows RT、スマートフォンでWindows Phone（旧Windows Mobile）とWindows OSファミリーでデジタル機器を網羅しようという試みです。しかしこれは結果的に失敗し、現在はWindows RT、Windows Phoneから撤退しています。

スマートフォン、タブレット市場での敗退が続きましたマイクロソフトですが、Windows 11では別のアプローチを取っています。その一つが一部のAndroidアプリの動作、もう一つがWindows 7以来のウィジェットの復活です。

現在、スマートフォンでは画面上で簡易情報を表示できるウィジェットが普及していて、Windowsでも無視できない存在になったようです。

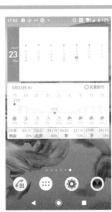

▲スマートフォンではさまざまなウィジェットが用意され、使用されています

ウィジェットを追加／削除する

ウィジェットボードの編集が簡単になった

タスクビューによる仮想デスクトップはWindows10から導入された機能です。各デスクトップの名称を設定できるのは従来通りですが、Windows11では各デスクトップで個別に背景を設定できるようになりました。

新しいウィジェットを追加する

 ウィジェットボードを開いて、[ウィジェットの追加] をクリックする。

> **ONE POINT ウィジェットの表示はアカウントの思考に影響される？**
>
> ウィジェットボードに最初に表示されるウィジェットの項目はどうやらサインインしているMicrosoftアカウントによって異なるようです。Webブラウザーの使用履歴やその他の作業の傾向が影響していると思われます。

 ウィジェット（ここでは「ヒント」）をクリックする。[×] をクリックする。

> **ONE POINT ウィジェットボードで完結**
>
> Windowsの設定項目にはウィジェットが全く見当たりません。つまりウィジェットボードの中ですべて完結しています。ウィジェットの追加・削除、サイズ変更以外はできないとてもシンプルなものです。

3 新しいウィジェットが追加されました。

ウィジェットを削除する

1 ウィジェット（ここでは［ヒント］）右上の［…］をクリックして、［ウィジェットの削除］をクリックします。

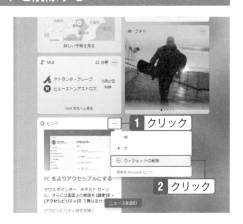

2 ウィジェット（ここでは［ヒント］）が削除されました。

02-09
SECTION

ウィジェットのサイズ／配置を変更する

ウィジェットのサイズは3段階から選択する

すべてのウィジェットは大・中・小と3通りの表示サイズから選択できます。通常は中、情報量が必要なら大、簡易情報でいいなら小などユーザーの好み次第です。また表示順も簡単に入れ替えられます。

ウィジェットのサイズを変更する

1 ウィジェットボードを開いて、ウィジェット（ここでは［天気］）右上の［…］をクリックして、サイズ（ここでは中から大に変更）を選択します。

2 ウィジェット（ここでは［天気］）のサイズが（中から大に）変更されました。

 ウィジェットボード、幅は固定で縦スクロール

Windows 11のウィジェットボードは幅が変更できません。その代わり縦にスクロールできます。しかし一時的に閲覧する用途を考えると、ウェジェットの数を増やすより、必要なものに厳選して、サイズの大・中・小をうまく組み合わせて表示する工夫が必要です。理想はスクロールせずに一覧できる配置です。

ウィジェットの配置を変更する

1 ウィジェット（ここでは［天気］）
をドラッグします。

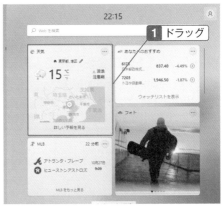

2 ウィジェットの配置が自動的に変
わるので場所を確かめてドロップ
します。

3 ウィジェットの配置が入れ替わり
ました。

チャットを初期設定する

Windows11に統合された個人用Microsoft Teams

タスクバーの［チャット］をクリックすると、OSに統合されたチャットが開きます。チャットにはMicrosoftアカウントによるサインインが必要ですが、WindowsにMicrosoftアカウントにサインインしていればすぐに使い始められます。

チャットにMicrosoftアカウントでサインインする

1 タスクバーの［チャット］をクリックする。［チャット］をクリックします。

2 ［使い始める］をクリックします。

Microsoftアカウントによるサインインが必要

　チャットを利用するにはMicrosoftアカウントによるサインインが不可欠です。WindowsにMicrosoftアカウントでサインインしていれば、そのアカウントが最初に表示されるはずです。Outlook、Skypeの連絡先をすぐに利用できるので、登録されている名前、メール、電話番号で相手を検索し、呼び出せます。

3 アカウント名および [Outlook.com とSkypeの連絡先を同期して……] のチェックを確認し、[始めましょう] をクリックします。

4 [同期] をクリックします。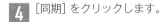

 チャットできる相手はMicrosoftアカウントのユーザー

チャットの相手は最初の画面で同期済みの連絡先から選べますが、[チャット] を押すとTeamsの チャット用ポップアップウィンドウが開きます。ここで名前、メール、電話番号を入力すると連絡先から 一覧が表示され、そこからも選択できます。一覧にない相手はメールアドレス、電話番号で招待できま す。そして招待に応じてチャットに参加しますが、参加するのはあくまで相手のMicrosoftアカウント となります。そのため招待については制限がありませんが、実際にチャットできる相手はMicrosoftア カウントでサインインしているユーザーに限られます。

02-11
SECTION

チャットで会話を始める

ポップアップウィンドウで完結するチャット機能

［会議］［チャット］の選択でチャットを選ぶか、連絡先を選ぶと、チャット用ポップアップウィンドウが開きます。バックグラウンドで個人用Teamsが動いていますが、Teamsアプリを意識せずに利用できるのが利点です。

チャットを始める

1 ［チャット］（ここではこちらを選択）または履歴や同期済みの連絡先の中から相手をクリックします。

2 チャット用ポップアップウィンドウが開くので、新規作成欄に名前、メール、電話番号を入力します。同期された連絡先から一覧が表示されるので、そこからクリックしても選択できます。

3 新しいメッセージの入力欄にテキスト
を入力します。初回のみ招待メッセー
ジが送られるので確認します。[▷]（送
信）をクリックします。

4 メッセージが送信されました。相手が
招待を受けて参加するまで待ちます。

ONE POINT **初回送信時に友だちリクエスト**

チャットでは、最初の送信時に招待メールある
いはSMSで連絡して、それに応じるとやり取り
ができるようになります。2回目からはこの手順
は必要ありません。

---

5 招待相手が参加すると通知され、相手
のメッセージが表示さるようになりま
す。

ONE POINT **チャットは1ウィンドウに1会話の
み表示**

チャットは1つのウィンドウに1会話（1人ま
たは複数）しか表示されません。そのため並行し
て別の会話（1人または複数）のチャットをする
には別のウィンドウが開きます。
LINEのように1つのウィンドウで会話をダイ
ナミックに切り替えて、チャットしているユー
ザーには現状のチャット機能は物足りないかもし
れません。

ビデオ会議を始める

1人で参加してから相手を招待する

会議のリンクをメールなどで送ったり、名前、メール、電話番号を入力したりして招待し、相手の参加を待ちます。そして、相手が参加を承諾すると、ロビーで待機している状態になるので、参加を許可します。

ビデオ会議の準備をして参加する

 [会議]（ここではこちらを選択）または履歴の会議（左に・付きで太字で表示）をクリックします。

> **ONE POINT** 会議の名前が混乱を招く
>
> すぐ会議を始めると、既定では「○○○○（サインインしたMicrosoftアカウントに登録した氏名）との会議」という会議名になります。自分と会議というのも不思議ですが、最初の参加者は自分だけで後から招待するのでこのような会議名になってしまうようです。ちょっと驚きますね。

[2] [マイク][カメラ]をオンにし、必要に応じて[背景フィルター]をクリックします。

3 背景の設定で［なし］また
は［ぼかし］（ここではこち
ら）を選択し、［×］（閉じ
る）をクリックします。

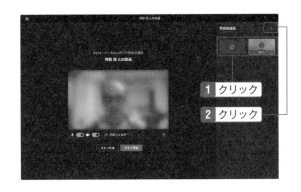

4 ［会議のリンクをコピー］
をクリックします。このリ
ンクは別途メールなどで
相手に送ります。最後に
［×］（閉じる）をクリック
します。

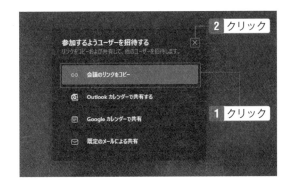

5 会議に参加しましたが、こ
の時点では参加者は自分
だけです。名前、メールア
ドレス、電話番号を入力す
ると、チャット同様相手に
招待が届きます。相手が承
認して参加をリクエスト
すると、「ロビーで待機し
ています」と表示されるの
で、［参加許可］をクリッ
クします。

ONE POINT リンクまかせの招待機能

　チャットでは最初に自動的に招待メールまたはSMSが送られますが、会議の場合はリンクをコピー
してメールに貼り付けるなど何らかの方法で相手に知らせる必要があります。Outlookカレンダー、Go
ogleカレンダーで共有する方法もありますが、招待メールを送るシームレスな仕組みがほしいところで
す。このあたりの使い勝手はGoogle Meetに比べると見劣りがします。

新しいビデオ会議を予約する

新しいビデオ会議はTeamsの予定表から作成する

チャットから開く［会議］は基本的にいつも最初に作成した会議が開きます。新しいビデオ会議を始めるにはMicrosoft Teamsを開く必要があります。今すぐ会議を始めたり、新しい会議の予定を作成したりできます。

ビデオ会議の準備をして参加する

1 ［Microsoft Teamsを開く］をクリックします。

2 予定表をクリックして、［新しい会議］をクリックします。

3 会議のタイトルを入力し、開始日時と終了日時を設定します。場所は空欄のままでいいでしょう。

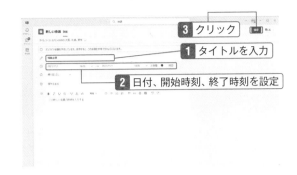

3 クリック

1 タイトルを入力

2 日付、開始時刻、終了時刻を設定

4 [リンクをコピー] をクリックし、[×] (閉じる) をクリックします。コピーしたリンクは別途メールなどで相手に送ります。

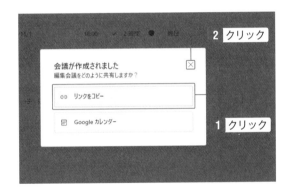

2 クリック

会議が作成されました
編集会議をどのように共有しますか？

⊖ リンクをコピー

🗓 Google カレンダー

1 クリック

5 予定表に新しい会議がスケジュールされました。

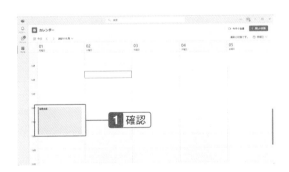

1 確認

招待から会議に参加する

Webブラウザーまたは Teams アプリから参加できる

主催者はメールに会議のリンクを貼り付けて送るなど何らかの方法でゲストに連絡します。送られた相手がリンクを開くと、既定のアプリからチャットの会話や会議に参加できます。Webブラウザーまたは Teams から参加できます。

ポップアップ、または、リンクから会議に参加

1 ビデオ会議に招待されると、デスクトップの右下に会議への参加を促す通知がポップアップします。[承諾] をクリックします。

2 またメールに会議への参加のリンクが貼られたメールなどが届きます。リンクをクリックします。

ONE POINT
汎用Webブラウザーから参加できる

招待された相手が届いたリンクをクリックすると、既定の Web ブラウザーが開いて、このまま続けるか、あらためて Teams を開くか選択肢が表示されます。Windows 10でも個人用 Teams をインストールしていれば使用できますが、通常 Windows 11以外ではWebブラウザーを使用したほうが無難です。

3 マイク、ビデオをオンにして、背景を選択し、[今すぐ参加] をクリックします。

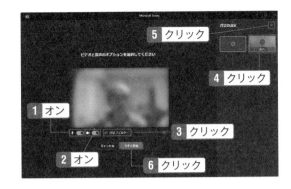

4 主催者に参加者がロビーで待機していると通知があります。相手が [参加許可] をクリックするまで待機します。

5 主催者が [参加許可] をクリックすると、相手の映像が中央に表示され、自分の映像が右下に表示されます。

 同期済みでない相手はゲスト扱い

　チャットで同期済みの連絡先以外の相手はゲスト扱いとなります。ゲストの場合は名前の入力を求められます。

　なおチャットで使用される同期済みの連絡先は、自動的にOutlookとSkypeの連絡先が同期されます。しかし確認したところすべての連絡先が表示されるわけではありません。アプリの完成度が低いので同期が不十分なのか、あるいは同期に何らかの基準があるのか明らかにしてほしいところです。

新しいMicrosoft Storeを使いこなす

アプリ重視になった新しいカテゴリー分け

Windows11のMicrosoft Storeとは表示方法が異なり、カテゴリー分けのボタンが左に配置され、新カテゴリーはホーム、アプリ、ゲーム、映画＆テレビとなりました。話題のAndroidアプリの影響か、アプリ重視の姿勢が垣間見られます。

カテゴリーから探す

1 タスクバーの [Microsoft Store] をクリックします。

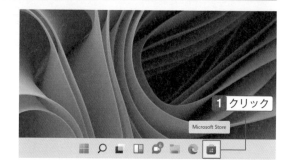

2 カテゴリー（ここでは [アプリ]）をクリックします。続けて [すべて] 表示をクリックします。

 ONE POINT カテゴリー分けはいまだに不十分

これまでなかったアプリのカテゴリーが加わったのは進歩ですが、あまりにも範囲が広すぎて探す手間はあまり改善されていません。アプリの中でさらにカテゴリー分けをするなど改善が望まれます。

1 カテゴリーのすべてのア
　　プリが表示されました。

キーワードから探す

1 検索ボックスにテキスト
　　を入力して、絞り込まれた
　　一覧からクリックします。

2 検索結果が表示されまし
　　た。

検索が一番の早道

　Microsoft Storeには数多くの
アプリが登録されています。カテ
ゴリー分けの見直しで、これまで
と比べ探しやすくなりましたが、
アプリ名が分かるのであれば、検
索が一番の早道であることに変わ
りはありません。

購入済みインストール済みのアプリを確認する

1 ライブラリをクリックして、[更新プログラムを取得する] をクリックします。

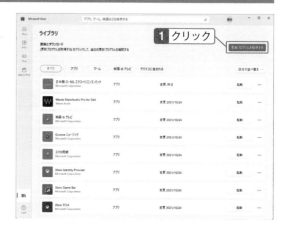

2 順次プログラムが更新されます。

購入済みとは無料取得のアプリも含まれる

Microsoft Store で購入済みと表示されるアプリには無償のアプリも含まれます。ここでの購入済みは必ずしも課金してわけではありません。

3 すべての更新が終了しました。

Store アプリは Windows Update の範囲外

既定では Windows Update で Windows と付属のデスクトップアプリはアップデートされます。しかし付属の Store アプリについてはこの範囲に含まれません。アプリを起動したときに通常は更新の通知がされますが、しばらく使っていないと気がつかない可能性があります。

Chapter

03

Windows 11の
新しい操作方法

Windows 11には多くの新機能が搭載されましたが、従来ど
おりの使い方がどうなるのかも重要な要素です。操作手順は全
く同じでも画面のレイアウトが異なると、新しいものに感じら
れるので戸惑いもあります。この章では基幹アプリのエクスプ
ローラー、Microsoft Edgeを中心に基本的な使い方を復習
し、違和感を吸収できるように新しい操作に慣れましょう。

03-01
SECTION

新しいWindowsの開始と終了

ボタンの配置は異なるが従来の手順と変わらない

Windows 11の開始はPCの電源ボタンを押すだけなので、従来と全く変わりありません。一方、終了はボタンの位置が変わったので、一見変わったように感じますが手順は全く同じです。終了はシャットダウン、再起動、スリープの3種類から選択します。

Windowsを終了する

1 [スタート]をクリックする。

2 [電源]をクリックして、終了方法を[シャットダウン]
[再起動][スリープ]から選択する。

 キーボードだけによる終了

Windowsではデスクトップがアクティブな状態（アプリのアクティブウィンドウがない状態）で[Alt]＋[F4]キーを押すと、[Windowsの終了]ダイアログボックスが表示され、既定では[シャットダウン]になっているので、そのまま[Enter]キーを押すと、シャットダウンできます。
またWindows 11では[Windows]＞[↑]＞[→][Enter]＞[↓]＞[↓]＞[Enter]と順に押すと、シャットダウンできます。

3 [シャットダウン] をク
リックする

就寝時など長時間PCを
使用しない場合に選択し
ます。

4 [再起動] をクリックする

Windows Update適用後
に再起動が必要な場合な
ど、シャットダウンした後
にPCを使い続ける場合
に選択します。

5 [スリープ] をクリックす
る

数時間程度、PCを使用し
ない場合などに選択しま
す。3時間以内の中断な
ら、こちらを選べばいい
でしょう。

 スタートボタンからの終了ショートカット

　スタートボタンを右クリックしても終了方法を選択できま
す。操作手順が1ステップ減り、マウスカーソルの移動も少な
くなるので、慣れたらこちらがおススメです。
[スタート] を右クリックして [シャットダウンまたはサインア
ウト] をポイントし、[シャットダウン] [再起動] [スリープ] か
ら選択します

Windows 11のサインアウトとサインイン

サインアウト、ユーザーの切り替え、ロックを使い分ける

Windows PCは複数のユーザーで使い分けられるように、起動後にユーザーアカウントを選択してサインインする必要があります。Windowsを終了せずにサインアウトしたり、サインインしたまま他のアカウントに切り替えたりすることもできます。

Windowsからサインアウトする

1 ［スタート］をクリックして、ユーザーの画像をクリックし、［サインアウト］をクリックします。

2 サインアウトしてロック画面が表示された。

Windowsにサインインする

1 [Enter] キーを押すか、マウスを動作させてロック画面を解除します。ユーザーをクリックして選択し、PINを入力します。またはパスワードを入力して [Enter] キーを押します。

2 サインインしました。

画面をロックする

1 [スタート] をクリックして、ユーザーの画像をクリックし、[ロック] をクリックします。

2 画面がロックされました。

 画面をロックの使い方

　ロックとはサインインしたまま、次にサインインするまで操作できなくする機能です。職場でトイレに立つなど短時間PCの前から離れる場合に使用します。

03-03

SECTION

ユーザーフォルダーの場所を確認する

エクスプローラーでユーザーフォルダーを把握する

Windowsのユーザーファイルの保存場所はユーザーフォルダーです。エクスプローラーではあらかじめクイックアクセスにピン留めされています。ユーザーフォルダーの詳細な場所を把握しておきましょう。

ユーザーフォルダーの詳細な場所を確認する

1 タスクバーの[エクスプローラー]をクリックします。

2 エクスプローラーが開いて、クイックアクセスにピン留めされたユーザーフォルダーがファイル一覧に表示されます。ナビゲーションウィンドウの[PC]左の[>]をクリックして展開します。

 あらかじめピン留めされたユーザーフォルダー

　エクスプローラーにはあらかじめピン留めされたユーザーフォルダー[デスクトップ][ダウンロード][ドキュメント][ピクチャ][ビデオ][ミュージック]が配置されます。これはユーザーフォルダーの中でよく使うと想定されているものです。

3 ローカルディスク [C：] 左の [>] をクリックして展開します。

1 クリック

4 [ユーザー] 左の [>] をクリックして展開します。

1 クリック

5 <個人用フォルダー>左の [>] をクリックして展開します。

1 クリック

6 ナビゲーションウィンドウに表示される [ダウンロード][デスクトップ]][ドキュメント][ピクチャ][ビデオ][ミュージック] がファイル一覧のピン留めされたフォルダーの実際の場所が確認できました。

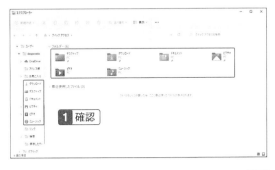

1 確認

 変更できない 個人用フォルダー名

個人用フォルダー名は通常、Microsoftアカウントに登録した名前が表示されますが、ナビゲーションウィンドウには実フォルダー名が表示されるので注意が必要です。

この実フォルダー名はWindowsにサインインするときに入力したMicrosoftアカウントのメールアドレスの先頭数文字を使用して自動的に作成され、後から変更できません。

 常に表示される基本 コマンドボタン

Windows 10のエクスプローラーはメニューがリボン方式で、[ホーム][共有][表示] のタブを切り替えて使用しました。

一方、Windows 11のエクスプローラーはリボン方式が廃止され、[切り取り][コピー][貼り付け][名前の変更][削除] など [ホーム] タブにあった基本的なコマンドボタンが常に表示される仕様です。

OneDriveの場所を確認する

エクスプローラーでOneDriveフォルダーを把握する

Microsoft 365のWord、Excelなどはファイルの保存場所として優先的にOneDrive
フォルダーを表示します。ユーザーフォルダーと同等以上の重要性を持ってきたOneDr
iveフォルダーの詳細な場所を把握しておきましょう。

OneDriveフォルダーの詳細な場所を確認する

1 エクスプローラーのナビゲーションウィンドウで [OneDrive] をクリックして、
ファイル一覧にOneDriveのサブフォルダーを表示します。[PC] 左の [>] をク
リックして展開します。

2 [ローカルディスク (C:)] 左の [>] をクリックして展開します。

OneDriveフォルダーとオンラインOneDriveの関係

　OneDriveという仕組みを上手に使うには、OneDriveフォルダーとオンラインのOneDriveの関係を
きちんと理解する必要があります。
　OneDriveフォルダーの中に作成したファイルを保存すると、オンラインのOneDriveを参照して、同
じファイルがなければファイルを作成し、同じファイルがあれば最新の状態に更新します。
つまりオンラインのOneDriveは常に最新のファイルが保存されるので、他のPCでも同じMicrosoft
アカウントでサインインすれば、常に最新のファイルが手に入ります。
　他のPCのOneDriveフォルダーのファイルにアクセスしたときに、オンラインのOneDriveの同じ
ファイルの方が新しければ、OneDriveフォルダーのファイルが自動的に最新に更新されるからです。

3 [ユーザー] 左の [>] をク
リックして展開します。

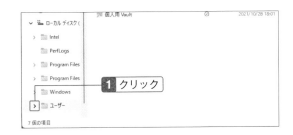

4 <個人用フォルダー>左
の [>] をクリックして展
開します。

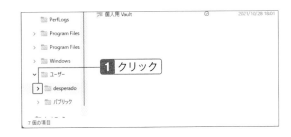

5 < OneDrive >左の [>]
をクリックして展開しま
す。

6 ナビゲーションウィンド
ウ のOneDriveの サ ブ
フォルダー（個人用Vault
のショートカットを除く）
とファイル一覧のOneDri
veのサブフォルダーが一
致しているのが確認でき
ます。

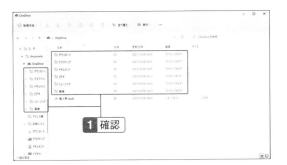

OneDriveのバックアップを管理する

［デスクトップ］［ドキュメント］［ピクチャ］が対象となる

OneDriveの使用を開始すると、既定では［デスクトップ］［ドキュメント］［ピクチャ］の3フォルダーが通常の個人用フォルダーからOneDriveフォルダーに切り替わります。ここでは便宜的にOneDriveのバックアップを停止します。

バックアップの設定を変更する

1 エクスプローラーのクイックアクセスのうち［デスクトップ］［ドキュメント］［ピクチャ］に「OneDrive」と表示されているのを確認します。

2 タスクバーの［OneDrive］を右クリックし、［設定］をクリックします。

それぞれのバックアップ管理を選択する

　［デスクトップ］［ドキュメント］［ピクチャ］は個別にバックアップを管理できるので必要に応じて使い分ければいいと思います。
　筆者の場合は［デスクトップ］［ドキュメント］［ピクチャ］に加えて、手作業で［ダウンロード］［ビデオ］［ミュージック］など他のユーザーフォルダーもOneDriveに保存するように変更しています。そうすれば主なユーザーファイルはすべてOneDriveに保存できるので、ある意味バックアップは必要ありません。

3 Microsoft OneDrive ダ
イアログボックスが開き
ます。[バックアップ] タ
ブを選択し、[バックアッ
プを管理] をクリックしま
す。

4 デスクトップ欄の [バック
アップの停止] をクリック
します。

5 [バックアップの停止] を
クリックします。

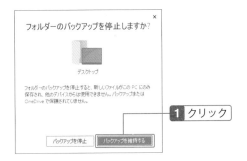

6 [閉じる] をクリックしま
す。

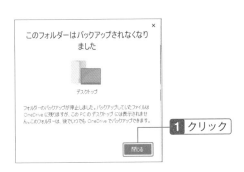

7 ドキュメント欄の [バック
アップの停止] をクリック
します。

8 [バックアップの停止] を
クリックします。

9 [閉じる] をクリックしま
す。

10 写真欄の [バックアップ
の停止] をクリックしま
す。

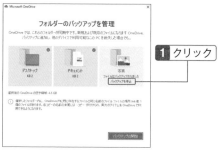

11 [バックアップの停止] を
クリックします。

12 [閉じる] をクリックしま
す。

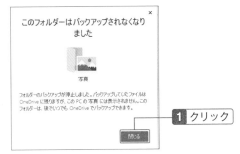

13 [×] (閉じる) をクリック
します。

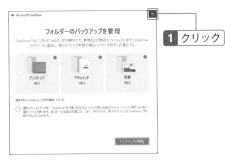

14 Microsoft OneDrive ダ
イアログボックスの
[OK] をクリックします。

15 エクスプローラーのク
イックアクセスの [デス
クトップ] [ドキュメント]
[ピクチャ] の表示が「On
eDrive」から「PC」に変
わりました。

Microsoft Edgeの「新しいタブ」を使ってみる

新しいタブは独自メニューの役割を果たす

新しいMicrosoft Edgeは起動時に「新しいタブ」が開きます。これはEdge独自のもので、他のWebブラウザーでは表示できません。中央に検索ボックス、その下にリンクボタン、右上に[ページ設定]、左上に[アプリ起動ツール]が配置されます。

新しいタブの画面レイアウトを変更する

1 タスクバーの[Microsoft Edge]をクリックします。

2 Microsoft Edgeが起動し新しいタブが表示されます。右上の[ページ設定]をクリックし、続けて画面レイアウト(ここでは[シンプル])をクリックします。[×]閉じるをクリックします。

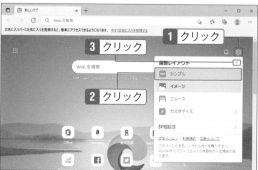

 画面レイアウトの選択肢

新しいタブの画面レイアウトは[シンプル][イメージ][ニュース][カスタマイズ]の4種類で、既定では[イメージ]が選択されています。ただし[シンプル][イメージ][ニュース]に大きな違いはありません[カスタマイズ]も設定できる項目はわずかです。
・シンプル:背景画像なしで、ニュースは表示されません
・イメージ:背景画像ありで、約30%程度がニュースの表示領域に使われます
・ニュース:背景画像ありで、約60%程度がニュースの表示領域に使われます

3 新しいタブのレイアウト
が変更されました。

アプリ起動ツールを使用する

1 [アプリ起動ツール] をク
リックし、アプリ（ここで
は [Outlook]）をクリッ
クします。

2 Outlook.comが開いてサ
インしているMicrosoft
アカウントのメールが表
示されました。

 アプリ起動ツールはOffice on the webに直結

アプリ起動ツールに表示されるのは、Office on the webの各アプリです。Microsoftアカウントで
サインインすれば、無料でWeb版のWord、Excel、PowerPoint、OneDriveなどが利用できます。

Microsoft Edgeの起動時に開くタブを設定する

起動時にいつも使っているWebページを開く

Microsoft Edgeは起動時に「新しいタブ」という独自のページを開きますが、これは自分がいつも使っているWebページに変更できます。Google、Yahoo!など自分のお気に入りのWebページに設定しましょう。

「新しいタブ」の使い方

1 Microsoft Edgeで起動時に開きたいWebページ（ここではGoogle）だけをあらかじめ開いておきます。右上の［…］（設定など）をクリックし、［設定］をクリックします。

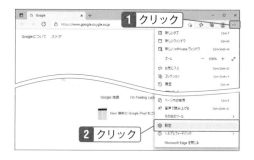

2 ［設定］左の［≡］（menu）をクリックして、［［スタート］、［ホーム］および［新規］タブをクリックします。

複数のタブでも起動時に開ける

ここでは単独のWebページを起動時に開くように設定しましたが、複数のWebページを追加すれば、起動時に複数のタブが開きます。ただページの読み込みに時間がかかるので、あまり多くのWebページを追加しないほうがいいと思います。

3 [これらのページを開く]
左の [○] をクリックして
選択し、[開いているすべ
てのタブを使用] をクリッ
クします。

4 ページを確認して、[×]
(閉じる) をクリックしま
す。

5 Microsoft Edge を 再 起
動すると、起動時に開く
ように設定したWebペー
ジが開きます。

SECTION

Microsoft Edgeに [ホーム] を 追加・設定する

いつものWebページに簡単に戻れる [ホーム] ボタン

Microsoft Edgeには初期状態では [ホーム] ボタンが表示されません。追加するには前セクションと同じ設定ページで、[ホーム] ボタンを追加します。そして [ホーム] ボタンで開くWebページをあらためて設定する必要があります。

[ホーム] ボタンを追加する

1 [設定] の [[スタート]、[ホーム] および [新規] タブ] で [ホーム] ボタン欄の [ツールバーに [ホーム] ボタンを表示] 右のスイッチを左から右にスライドします。

2 [ホーム] ボタンが出現します。[URL を入力してください] 左の [○] をクリックして選択します。URL を入力します (ここでは起動時に開くページの URL をコピーして貼り付けます)。

3 URLを入力してください」左の〇をクリックして選択し、URLを入力します。そして [保存] をクリックします。

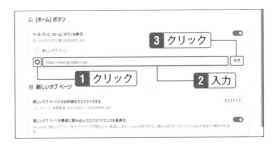

4 [ホーム] ボタンをクリックします。

5 [ホーム] に設定したWebページが開きました。

03

Windows 11の新しい操作方法

ONE POINT　**指定なしでいきなりダウンロード?**

　Microsoft Edgeを使い慣れていないユーザーはダウンロードリンクをクリックすると、場所も指定しないままいきないダウンロードが始まって驚くかもしれません。しかしこれがMicrosoft Edgeの仕様です。場所を指定してダウンロードしたい場合は、ダウンロードリンクを右クリックで開くショートカットメニューで [名前を付けて……を保存] をクリックすると、保存場所を指定できます。

Microsoft Edgeのダウンロードの場所を確認する

ダウンロードするファイルの保存場所は変更できる

Microsoft EdgeではWebページのダウンロードリンクをクリックすると自動的に既定の保存場所に[ダウンロード]に保存されます。しかしこれは設定で別の場所を指定できるので、確認して必要に応じて変更します。

ダウンロードするファイルの保存場所を設定する

[設定]で[ダウンロード]をクリックします。

ダウンロードの場所にフォルダー名が表示されています。ここでは[変更]をクリックしてみます。

ONE POINT　**通常は[ダウンロード]のままでOK**

　ここでは便宜上、ダウンロードの場所を変更していますが、通常は変更する必要がありません。たとえばまとめて画像をダウンロードする場合、一時的に[ピクチャ]フォルダーに変更し、終わったら元に戻す――そんな使い方が想定されます。

3 保存場所の [PC] > [ダウンロード] フォルダーが表示されます。

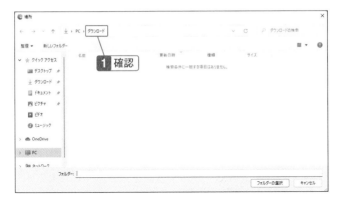

4 別のフォルダー (ここでは [ピクチャ]) を選択し、[フォルダーの選択] をクリックします。

5 ダウンロードの場所を確認します。

その他のアプリはWindows 10とほぼ同じ

　Windows 10に標準搭載されている［メール］［カレンダー］［フォト］［電卓］［メモ帳］［ペイント］などはWindows 11でもスタートメニューにピン留めされています。これらのアプリはWindows 11の新しいウィンドウデザインで角が丸くなった以外はほとんど変化がありません。そのため操作手順などの使い勝手は全く同じといっていいでしょう。

　この中でメールはWindows 10ではタスクバーのピン留めされていましたが、Windows 11ではピン留めされていません。事情はよく分かりませんが、Microsoft Edgeの［アプリ起動ツール］＞［Outlook］で開くOutlook.comの利用にメールアプリの重心が異動しているのかもしれません。もちろんMicrosoft 365アプリのOutlookの利用も想定されるところです。

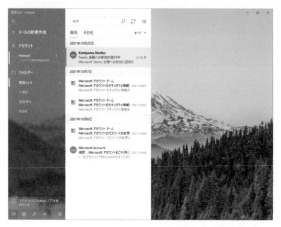

　Windows 11のメールはウィンドウの角が少しだけ丸くなったのを除いてWindows 10のメールと見分けがつきません

ペイントはメニューのデザインが新しくなったので、メールに比べれば目新しくなった感はあります

Chapter

04

Windows 11にしたら
やっておくべき初期設定

Windows 11には多くの新機能が搭載されました。さっそく
使い始めたいところですが、ここは落ち着いて環境設定を見直
します。Windowsはこれまでの経緯を見ても既定のままでは
使いづらい設定が少なからず残っているからです。またWindo
wsインストーラーが自動的に検出した情報が必ずしも正しい
とは限らないので、設定が適切ではない可能性もあります。一
つひとつ検証します。

ディスプレイの表示方法を確認する

解像度は推奨、拡大／縮小は見やすさを優先

Windowsは接続されているディスプレイの情報を取得して最適な解像度と拡大／縮小を設定します。通常はそのままで問題ありませんが、最初に設定を確認しておくことをおススメします。マン・マシン・インターフェイスは使い勝手の基本です。

ディスプレイの解像度と拡大／縮小の設定を確認する

1 ［スタート］＞［設定］をクリックして［設定］を開いてから、［ディスプレイ］をクリックします。

2 ディスプレイ解像度の［解像度］（ここでは［1920×1080（推奨）］）をクリックします。

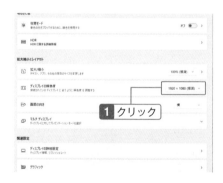

 ディスプレイ解像度を落とす唯一の理由

通常は推奨解像度を変更しませんが、4K（3840×2160）クラスの超高解像度になると、ディスプレイの接続方法によっては描画速度が遅くなり、使い勝手が悪くなる場合があります。
ビデオカードを上位の製品に変更する。接続方法をHDMIからDisplayPortに変更する——などハードウェア的な変更が根本的な解決方法ですが、ソフトウェア的には解像度を落とすことで描画が速くなります。一時的な解決方法としては有効です。

3 選択できる解像度の一覧が表示されました。原則的に最大解像度が推奨になりますので、変更する必要はありません。

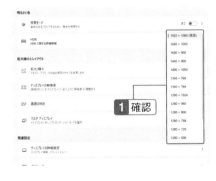

4 拡大/縮小の [スケーリングサイズ]（ここでは [100%（推奨）]）をクリックします。

5 選択できる拡大/縮小の一覧が表示されました。推奨を基本としますが、文字を見やすいスケーリングサイズに変更してもかまいません。

 あまり手を出したくないカスタムスケーリング

拡大/縮小右端の [>] をクリックすると、カスタムスケーリングが表示されます。ここでは100〜500%のスケーリングを1%刻みで設定できますが、注意書きが表示されるように推奨されません。
ただテキストのサイズだけを100〜225%で調整するオプションは使用してもかまいませんが、ほぼすべてのテキストサイズに影響するので、よく考えて使用しましょう。

マルチディスプレイを設定する

マルチディスプレイが当たり前の時代に

Windowsは標準でマルチディスプレイに対応しています。PCのディスプレイ出力は通常複数用意されているので、2台までなら難なくマルチディスプレイを構成できます。[表示画面を拡張する]または[表示画面を複製する]から選択します。

表示画面の配置を確認する

1 [設定]で[ディスプレイ]をクリックします。

2 自動的にマルチディスプレイが認識され、最上部にディスプレイの配置が表示されます。既定では[表示画面を拡張する]が選択されています。[識別]をクリックします。

 PCとディスプレイの接続方法

　PCとディスプレイの映像／音声入出力端子は現在、テレビの映像／音声力端子にも採用されているHDMIが主流で、上位のDisplayPortを備えているものもあります。またDVI、VGAなど映像端子のみの旧規格も残ります。
　PCの出力端子とディスプレイの入力端子は種類や数が必ずしも一致しないので、うまく組み合わせてマルチディスプレイを構成します。

ディスプレイ1と2にそれぞれ番号が表示されます。物理的な配置どおりに並んでいるか確認します。

ディスプレイの配置を入れ替える

物理的にディスプレイ1、2の配置と異なる場合があります。

[設定] > [ディスプレイ] を開いて、ディスプレイ1あるいは2をドラッグ＆ドロップしてディスプレイの配置を入れ替えます。

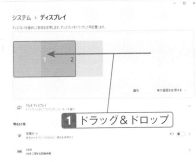

1 ドラッグ＆ドロップ

 ディスプレイは左側優先

　ディスプレイの優先順位はDisplayPort > HDMI > DVI > VGAの順で、通常は上位の端子からディスプレイ1、2と割り振られます。

　つまり2台で使用する場合は、左がメイン、右がサブとみなされます。物理的に右側のディスプレイをメインにしたい場合は、右側のディスプレイを上位に端子にして、配置を左からディスプレイ2、ディスプレイ1になるように並び替えます。

　なお全く同じ種類のディスプレイの場合、並び順はどうなるかわからないので、表示が物理的配置と異なれば、ディスプレイ1とディスプレイ2を入れ替えます。物理的な配置を変える必要はありません。

3 ［適用］をクリックします。

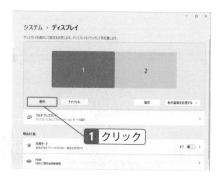

4 ［識別］をクリックすると、ディスプレイ1と2の配置が入れ替わったのが確認できます。

表示画面を複製する

1 ［設定］>［ディスプレイ］を開いて、［表示画面を拡張する］をクリックします。

ONE POINT 表示画面の複製は特殊用途に限られる

マルチディスプレイは通常、「表示画面を拡張する」を使います。しかしプレゼンテーション用途などで、手元のディスプレイと外部出力したディスプレイの画面を一致させたいときは「表示画面を複製する」を使用します。

2 [表示画面を複製する] をクリックします。

3 [変更の維持] をクリックします。

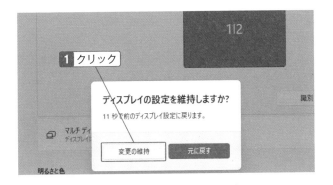

4 [識別] をクリックします。

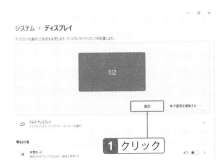 

ディスプレイのHDR対応を確認する

Windows 11の新機能だが対応ディスプレイは少ない

Windows 11はHDR（High Dynamic Range）に対応しました。これは従来のSDR（Standard Dynamic Range）に比べて、明るさの幅が広い表示技術です。より豊かな色表現が可能ですが、対応ディスプレイは多くありません。確認してみましょう。

HDR対応ディスプレイの設定方法

1 ［設定］を開いて、［ディスプレイ］をクリックします。

2 明るさと色欄の［HDR］をクリックします。

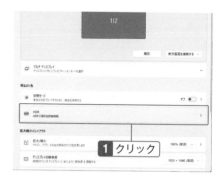

ONE POINT ゲーム用途が広げたHDR対応ディスプレイ

　明るさの幅が広いHDRは主に高画質のゲーム用途で使われています。
たとえば明るすぎて白く飛んでしまった部分、暗すぎて黒く塗りつぶされてしまった部分でも階調表現ができるようになるので、より現実に近い色表現が可能になります。
　新しい技術なので、対応ディスプレイは2020年以降に発売された製品に限られるようです。

3 ここでは「ストリーミングHDRビデオ
再生」「HDRを使用する」いずれも［未
サポート］でした。マルチディスプレイ
を構成している場合は、ディスプレイ
によって対応が異なるので［ディスプ
レイ］をクリックして、それぞれのディ
スプレイに切り替えてみます。

4 ［ディスプレイ］（ここでは1:Acer T23
2HL）を選択します。（HDRをサポー
トしていたと仮定して）サムネイル画
面右下の［←→］（拡張）をクリックしま
す。

5 ［▷］（再生）をクリックして、再生される映像表示を確認します。

ONE
POINT **HDR対応はディスプレイ選択の新たな着目点**

これまでディスプレイ製品を選択するときは、最大解像度、パネルの種類、接続端子の種類、デザイン
などが着目されていました。HDRという新しい技術の登場で、ディスプレイ製品を選択するときに
HDR対応は新たな着目点になる可能性があります。

04 Windows 11にしたらやっておくべき初期設定

109

キーボードレイアウトを確認する

日本語キーボードなら不要、英語キーボードでは注意

Windowsではインストール時にキーボードレイアウトを選択します。日本語キーボードでは、レイアウトは［日本語キーボード（106/109キー）］に設定されます。インストール時と異なるキーボードを使用するなら設定の変更が必要です。

キーボードレイアウトを変更する

1 ［設定］を開いて、［時刻と言語］をクリックします。

2 ［言語と地域］をクリックします。

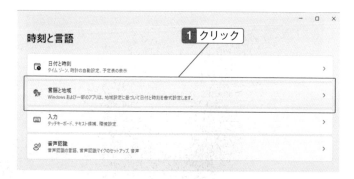

 見つかりにくいキーボードレイアウトの設定変更

キーボードレイアウトの設定を変更する項目はとてもわかりにくい個所にあります。［言語と地域］＞［日本語］＞［言語オプション］を開くのが正解ですが、［言語オプション］の中に項目があるとはちょっと想像できません。どうしても［入力］＞［キーボードの詳細設定］を開いてしまいがちです。残念ながらこちらからはたどり着けません。

3　日本語欄右端の [⋯] をクリックし、[言語オプション] をクリックします。

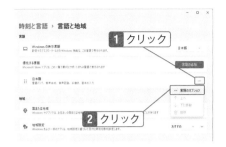

4　キーボードレイアウト欄の [レイアウトを変更する] をクリックします。

5　[ハードウェアキーボードのレイアウトの変更] が開きました。[日本語キーボード (106/109キー)] をクリックします。

6　必要に応じて [英語キーボード (101/102キー)] をクリックして選択します。

7　[OK] をクリックします。キーボードレイアウトの変更を適用するにはPCの再起動が必要です。

マウスポインターの速度を調整する

マウスポインターの速度を設定する

マウスを動かしたときのマウスポインターの速度はWindowsでは伝統的に遅めに設定されています。低解像度時代の名残りと思えますがいまでも若干遅めです。速度が遅いと移動距離も短くなるので、最大速度に調整することをおススメします。

マウスポインターの速度を最大にする

1 [設定] を開いて、[Bluetoothとデバイス] をクリックします。

2 [マウス] をクリックします。

 マウスポインター？それともカーソル？

　Windows 11から画面上のマウスの個所を示す矢印が、マウスポインターと表記されています。Windows 10まではマウスポインターと（マウス）カーソルが混在していましたが、どうやら統一したようです。

マウスポインターの速度は既定では
「10」に設定されています。

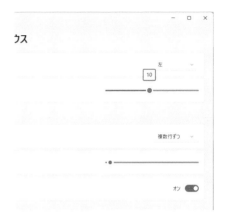

 スライドバーの●を右端までドラッグ
して「20」にします。設定の変更はすぐ
に反映されます。

1 ドラック

[マウスのプロパティ] でもポインターの
速度を設定できる

[設定] のマウス画面で [マウスの追加設定] をク
リックすると、[マウスのプロパティ] が開きます。
[ポインターオプション] タブを開くと、ここでもポ
インターの速度が設定できます。

Windows 10まではポインターの速度を変更す
るには [マウスのプロパティ] を開くしかありません
でしたが、Windows 11では [設定] 画面の中でこ
れが可能になりました。

なお [設定] と [マウスのプロパティ] の速度設定は
連動していますので、一方で設定すれば問題ありま
せん。

▲Windows 11にも [マウスのプロパティ]
は用意されています

マウスポインターのサイズと色を設定する

サイズと色を変更してより見やすく

ディスプレイが高解像度になると、マウスポインターそのもののサイズが絶対的に小さくなり、見失う場面が少なくありません。マウスポインターのサイズと色を調整して簡単に見つけられるように設定します。

マウスポインターのスタイルを設定する

1 ［設定］>［Bluetoothとデバイス］>［マウス］を開いて、［マウスポインター］をクリックします。

2 マウスポインターのスタイル（ここでは右端）をクリックして選択します。

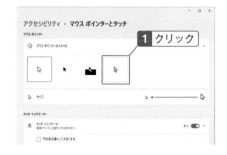

> **ONE POINT 超高解像度ではマウスポインターが迷子になる**
>
> 一般的なディスプレイ解像度の2K（1920×1080ピクセル）ではマウスポインターが見つかりにくいという印象はないかもしれません。しかしディスプレイ解像度が4K（3840×2160ピクセル）になると、同じサイズのディスプレイであれば、マウスポインターの面積比は2Kに比べて4Kは1/4になります。これはかなり小さいサイズです。老眼であれば無理をせず、マウスポインターを拡大したほうがいいと思います。

マウスポインターの色を設定する

3 おすすめの色（ここでは既定のまま左端から2番目）から選択するか、別の色を選択します。

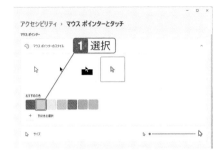

4 サイズ欄のスライドバー（既定は「1」）をドラッグします。

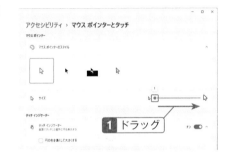

5 ちょうどいいサイズ（ここでは「5」）ドロップします。

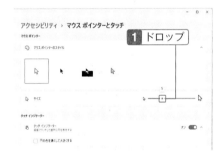

 識別には色も重要な要素

　色もマウスポインターの識別には重要な要素です。これは日ごろ使用しているデスクトップやアプリウィンドウの背景色にも左右されます。背景に溶け込まないような色を選択するのがポイントです。

04

Windows 11にしたらやっておくべき初期設定

115

04-07
SECTION

Microsoftアカウントの本人確認をする

本人確認で初めてMicrosoftアカウント設定が完了

Microsoftアカウントによるサインインは本人確認ではじめてPCを含むデバイス間でパスワードを同期できるようになります。なお本人確認にはサインインしているMicrosoftアカウント以外のメールアドレスまたは電話番号が必要です。

Microsoftアカウントを本人確認する

1 [設定] > [アカウント] を開いて、アカウント設定欄の [確認する] をクリックします。

2 本人確認に使用した別のメールアドレスがある場合、その一部が表示されるので、クリックします。

3 そのメールアドレスを入力して、[コードの送信] をクリックします。

 別のメールアドレスは見られるメールで

Microsoftアカウントの本人確認は別のメールアドレスにセキュリティコードを送信して、それを入力すれば完了します。できればWindows 11のメールアプリなどですぐに確認できるものがいいでしょう。別のMicrosoftアカウントのメールアドレスでもかまいません。

4 別のメールアドレスに届いたセキュリティコードを確認します。

5 セキュリティコードを入力して、[確認]をクリックします。

6 本人確認が完了して、「……本人確認をしてください」が消えました。

 ONE POINT クレジットカード番号が必須ではないMicrosoftアカウント

　Apple ID、Googleアカウントなどオンラインアカウントを登録するときクレジットカード番号の入力を求められます。回避する方法はありますが、面倒だと仕方ないと入力してしまうのではないでしょうか。その点、Microsoftアカウントは支払いが発生する場面になるまでクレジットカード番号を求められることはありません。入力が必要なのは氏名と生年月日くらいです。

ローカルアカウントに切り替える

ローカルアカウントを活用する

Windows 11ではMicrosoftアカウントでの使用が推奨されますが、Microsoftアカウントからローカルアカウントに切り替えられます。たとえばオフラインで使用したいのであれば、ローカルアカウントは選択肢の一つです。

ローカルアカウントに切り替える

1 [設定] > [アカウント] > [ユーザー情報] を開いて、アカウント設定欄の [ローカルアカウントでのサインインに切り替える] をクリックします。

2 [次へ] をクリックします。

3 PINを入力します。

ONE POINT ローカルアカウントではパスワード省略も可能

　ローカルアカウントでパスワードを設定すると、パスワードのヒントの入力が必須になります。とくにヒントが必要ないとしても何らかの文字列を入力します。
　なおローカルアカウントではパスワードなしにも設定でき、この場合は当然ながらパスワードのヒントも入力する必要がありません。しかしながらたとえローカルアカウントでもパスワードなしはおススメできません。

4 ユーザー名、新しいパスワード、パス
ワードの確認、パスワードのヒントを
入力し、[次へ] をクリックします。

5 [サインアウトと完了] をクリックしま
す。

6 サインアウトしました。

ONE
POINT あらためて本人認証が求められるMicrosoftアカウント

Microsoftアカウントで本人認証してから、ローカルアカウントに切り替え、再びMicrosoftアカウ
ントに切り替えると、あらためて本人認証が必要になります。
むやみにMicrosoftアカウントとローカルアカウントを切り替えると面倒になるので、この場合、Mi
crosoftアカウントとは別にローカルアカウントを作成する方法を検討したほうがいいと思います。

Microsoftアカウントのユーザーを作成する

共用PCならユーザーごとにアカウントを作成する

家族や職場でPCを共用する場合、同じユーザーアカウントで使用するのは感心できません。使用履歴や設定の同期など個人の情報が漏れてしまうからです。複数のユーザーが使用するのであれば、それぞれアカウントを作成します。

新しいMicrosoftアカウントを作成する

1 [設定] > [アカウント] を開いて、[家族とその他のユーザー] をクリックします。

2 家族欄または他のユーザー欄(ここではこちらを選択)の [アカウントの追加] をクリックします。

ONE POINT

家族とその他のユーザーの使い分け

　家族を追加すると、ファミリーセーフティ機能を有効に使えます。ただし代表者(ファミリーグループの管理者)とメンバーという構成になるため、対等な関係ではなくなります。保護者と子どもであればいいかもしれませんが、夫婦であれば微妙なところです。

3 新しいユーザーのMicrosoftアカウントを入力し、[次へ] をクリックします。

4 [完了] をクリックします。

5 新しいユーザーが追加されました。

ONE
POINT

新しいMicrosoftアカウントでも本人確認は必要

新しいMicrosoftアカウントにサインインすると、そのユーザーの初期セットアップが必要になります。もちろんそのユーザーの本人確認も必要になります。

121

ローカルアカウントのユーザーを作成する

オフライン専用、録画専用の用途にローカルアカウント

Windows 11はMicrosoftアカウントでのサインインが基本です。しかしオフライン専用のアカウント、録画専用のアカウントなどローカルアカウントの方が適切な場面もあります。その場合はローカルアカウントを作成します。

新しいローカルアカウントを作成する

[設定]＞[アカウント]＞[家族とその他のユーザー]を開いて、他のユーザー欄の[アカウントの追加]をクリックします。

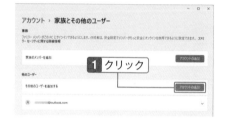

[このユーザーのサインイン情報がありません]をクリックします。

 録画機能のあるPCならローカルアカウントを使用

　Windows PCには録画機能を備えたPCがあります。たとえば家族で使用する場合、ローカルアカウントで共用して録画予約すれば、個人のプライバシーを守りつつ録画した番組を家族がだれでも楽しめます。

3 [Microsoftアカウントを持たないユーザーを追加する] をクリックします。

4 ユーザー名を入力して、[次へ] をクリックします。

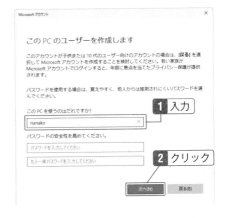

5 ローカルアカウントのユーザーが作成されました。

ONE POINT パスワードはユーザー本人が設定する

　ローカルアカウントの作成ではパスワードを設定できます。しかし追加するユーザー本人が現場にいるのであれば、省略して本人がサインインしてから追加すればいいでしょう。
　もちろん自分の別アカウントとして作成するなら、ここでパスワードを設定しておきます。

パスワードリセットディスクを作成する

ローカルアカウントでは唯一のパスワードリセット

Microsoftアカウントでは別のメールアドレスまたは携帯電話番号を使用してパスワードをリセットできます。しかしローカルアカウントではこのような手段は使えないので、パスワードリセットディスクを作成しておきます。

パスワードリセットディスクを作成する

1 [スタート] をクリックし、[検索ボックス] をクリックします。

2 上位アプリの [コントロールパネル] をクリックします。上位のアプリで見つからない場合は「c」「コ」などで検索します。

 パスワードリセットディスクにリムーバブルメディアが必要

パスワードリセットディスクを作成するにはUSBフラッシュドライブなどのリムーバブルメディアを用意する必要があります。

▲USBフラッシュドライブの他、カードリーダーがあればSDカードなども使用できます

3 [ユーザーアカウント] をクリックします。

4 [ユーザーアカウント] をクリックします。

5 [パスワードリセットディスクの作成] をクリックします。

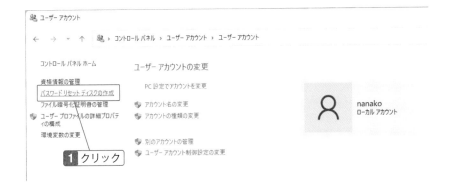

6 ［次へ］をクリックします。

7 USBフラッシュドライブなどリムーバ
ブルメディアをPCに接続し、そのドラ
イブ（ここでは「USBドライブ（E:）」）
をクリックして選択し、［次へ］をクリッ
クします。

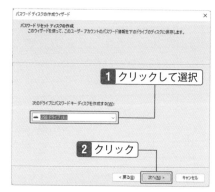

8 現在のユーザーアカウントパスワード
を入力し、［次へ］をクリックします。

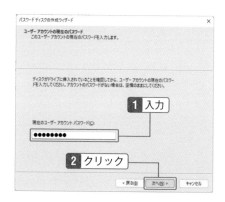

9 [次へ] をクリックします。

10 [完了] をクリックします。

ONE POINT パスワードリセットディスクは保管する

　パスワードリセットディスクはUSBフラッシュドライブに他のファイルが入っていても作成できます。しかし保管用にするので、通常は使用しないほうが賢明です。
パスワードリセットディスクに作成される「userkey.psw」はファイルサイズが1.5KB程度なので、小さい容量のリムーバブルメディアで十分です。

▲パスワードリセットディスクに作成される「userkey.psw」は1.5KBの小さいファイルです

04-12
SECTION

アカウントの種類を切り替える

管理の権限を追加する

Windowsのユーザーは原則的に管理者と標準ユーザーです。しかしアプリのインストールには管理者権限が必要になります。追加したユーザーに管理者権限を追加するには管理者がアカウントの種類を変更する必要があります。

アカウントの種類を変更する

1 [設定] > [アカウント] > [家族とその他のユーザー] を開いて、アカウントの種類を変更するユーザーをクリックします。

2 [アカウントの種類の変更] をクリックします。

ローカルアカウントユーザーでも管理者にできる

ここでは別のMicrosoftアカウントユーザーを管理者にしましたが、ローカルアカウントのユーザーを管理者にしても差し支えありません。

管理者は1台のPCに1人が理想ですが、ユーザーアカウントの不具合が全くないとはいい切れません。できれば万が一に備えて自分のローカルアカウントを作成し、バックアップの管理者にしておくことをおススメします。

[アカウントの種類]（ここでは [標準
ユーザー]）をクリックします。

[管理者] をクリックして選択します。

[OK] をクリックします。

アカウントの種類が「管理者」に変更さ
れました。

ONE
POINT
管理権限の付与には注意が必要

　管理者はほぼあらゆる操作が可能になります。たとえばユーザーアカウントやユーザーファイルの削除も可能です。つまり別のアカウントを管理者にすると、あなたのユーザーアカウントやユーザーファイルを削除できるようになります。
　管理者権限の付与はあなたの別アカウントあるいは信用のおけるユーザーに限ります。

ユーザーを削除する

リセットにも応用できるユーザーアカウントの削除

管理者はすべてのユーザーを削除できます。ユーザーを削除するとそのユーザーファイルもすべて削除されます。ただし最低1人は管理者のユーザーアカウントを残す必要があります。

ユーザーを削除する

1 ［設定］＞［アカウント］＞［家族とその他のユーザー］を開いて、削除するユーザーをクリックします。

2 ［削除］をクリックします。

 あっという間に消えるユーザー

　少ない手順で簡単にユーザーアカウントとユーザーファイルは消えてしまいます。くれぐれも管理者にするユーザーの選定は慎重にしましょう。

3 [アカウントとデータの削除] をクリックします。

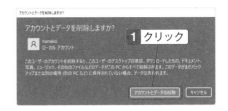

4 ユーザーが削除されました。

ONE
POINT

ユーザーファイルを残せなくなったWindows 11

かつてWindowsではユーザーを削除するときに、ユーザーファイルを削除するか残すか選択できました。しかしWindows 11ではユーザーファイルを残してユーザーアカウントを削除できなくなっています。必要なファイルは事前に別の場所に移動するなど対策が必要です。

-ザー アカウントと家族のための安全設定 ▶ ユーザー アカウント ▶ アカウントの管理 ▶ アカウントの削除

nanako のファイルを保持しますか?

nanako のアカウントを削除する前に、nanako のデスクトップと [ドキュメント]、[お気に入り]、[ミュージック]、[ピクチャ] および [ビデオ] フォルダーの内容を 'nanako' というデスクトップの新しいフォルダーに保存できます。ただし、nanako の電子メール メッセージやそのほかの設定は保存されません。

ファイルの削除   ファイルの保持   キャンセル

▲ Windows 7ではユーザーファイルを残す選択肢が用意されていました

職場または学校のアカウントを追加する

職場または学校へのアクセスを可能にする

個人用のMicrosoftアカウントとは別に職場または学校のアカウントを追加できます。これにより職場のMicrosoft 365 Businessを利用できるなど便利な一面もありますが、逆にWindowsの同期などで制限を受ける場合もあります。

職場または学校のアカウントを追加する

1 [設定] > [アカウント] を開いて、[職場または学校にアクセスする] をクリックします。

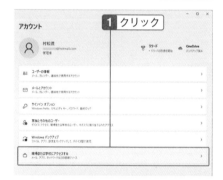

2 職場または学校のアカウントを追加欄の [接続] をクリックします。

ONE POINT 個人向けMicrosoft 365と法人向けMicrosoft 365

Microsoft 365サブスクリプションを保有しているユーザーはオンラインで新しいPCにインストールできます。

しかし個人向けのMicrosoft 365 Personalと法人向けのMicrosoft 365 Businessではダウンロードページが異なります。自宅で職場のアカウントを使用して、Microsoft 365 Businessのアプリをダウンロードするには職場のアカウントでのサインインが必要になります。

3 職場または学校のアカウントで有効な
メールアドレスを入力し、[次へ] をク
リックします。

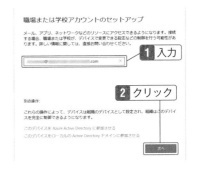

4 そのパスワードを入力し、[サインイン]
をクリックします。

5 [完了] をクリックします。

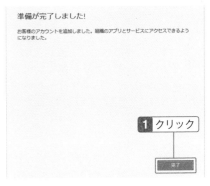

6 職場または学校のアカウントが追加さ
れました。

更新プログラムを適用する

使い始めは Windows Update を確認する

Windows Update の既定では更新プログラムは自動的にダウンロードして適用されます。場合によっては再起動が必要になります。発売間もない Windows 11 は頻繁に更新されるので、できれば更新プログラムをチェックしておきます。

更新プログラムをチェックする

1 ［設定］ > ［Windows Update］を開き、［更新プログラムのチェック］をクリックします。

2 自動的に更新プログラムが適用されます。場合によっては再起動が必要になります。

Windows 10からの
乗り換え作業手順

Windows 10からWindows 11への乗り換えは、アップグレードの方法にもよりますが、ユーザーファイルと設定を引き継ぐのが基本です。Microsoftアカウントを使用してWindowsにサインインすると、すべての移行は最も負担が少なくなります。

自分なりの乗り換え方法を考える

乗り換え方法は3通り

Windows 11に無料でアップグレードする際には、自分のPC環境を考慮して、一番適した方法を選択しましょう。どの方法がトラブルなく完了するかを、事前に確認してからアップグレードの準備をします。

アップグレード方法は3通り

Windows 10からWindows 11へのアップグレードは次の3通りです

①PCの買い替え

新しくWindows 11 PCを購入して、Windows 10 PCのユーザーファイルと設定を移行する

【利点】	・単純に新品が手に入る。 ・一時的にせよWindows 10 PCが残るので、ユーザーファイルや設定の移行に失敗してもやり直せる。 ・新しくWindows 11 PCを使用するので、古いWindows 10 PCの不具合を引き継がない。 ・現時点でほしいと思える、あるいは必要と思える性能とデザインのPCを選択できる。
【欠点】	・Windows 10 PCのユーザーファイルと設定を何らかの方法でWindows 11 PCに引き継ぐ必要がある。

②アップグレードインストール

使用中のWindows 10 PCにWindows 11をアップグレードインストールする

【利点】	・当面は無償でアップグレードできる。 ・使用中のWindows 10 PCのユーザーファイルと設定を多くの部分で残したまま、Windows 11に乗り換えられる。
【欠点】	・Windows 10に復元ための回復ファイルを作成するのでストレージが消費され、他にも不要なファイルが残る。 ・Windows 10 PCの不具合をそのまま引き継ぐ可能性がある。 ・PC自体は古いままなので、最新のPCに比べて性能面では見劣りする。

③クリーンインストール

使用中のWindows 10 PCのユーザーファイルと設定を何らかの方法でバックアップしてから、同じPCを空にして、Windows 11をクリーンインストールし、ユーザーファイルと設定を復元する

【利点】	・当面は無償でアップグレードできる。 ・Windows 10に復元ための回復ファイルを作成しないので、アップグレードインストールに比べてストレージが節約できる。 ・Windows 10 PCの不具合が改善される可能性がある。 ・古いPCで新品のPCと同等のWindows 11環境が手に入る。
【欠点】	・PC自体は古いままなので、最新のPCに比べて性能面では見劣りする。

選択肢によって必要な作業料が異なる

①PCの買い替え

PCを買い替えてアップグレードする場合、ユーザーファイルと設定は自分で移行する必要があります。次のセクション以降をよく読んで乗り換えに備えましょう。

PC本体もOSも全く新しくなる

②アップグレードインストール

　作業的に最も楽なのが、アップグレードインストールです。基本的にバックアップは必要ありません。次のセクション以降をよく読めば確実にアップグレードできると思います。

PC本体は同じまま、Windows 10の残骸が多少残る

③クリーンインストール

　追加費用なしで新品のWindows 11 PCと同等の環境が手に入るのは魅力です。しかしそれなりにPCの知識を要するので、少しハードルは高くなります。自分でPCを組み立てられるくらいの知識がないとおススメできません。

PC本体は同じでもOSは新品

Microsoftアカウントに切り替える

オンラインサービスのカギとなる Microsoft アカウント

Windows 11 Home では初期セットアップで最初に作成するユーザーは Microsoft アカウントでサインインする必要があります。現在 Windows 10 でローカルアカウントを使用しているなら、あらかじめ Microsoft アカウントに切り替えておきます。

Microsoftアカウントを作成する

1 [スタート]をクリックして[設定]をクリックします。

2 左上のローカルアカウントの下の[サインイン]をクリックします。

> **ONE POINT** アカウントに対するアレルギー
>
> Windows 8以降はMicrosoftアカウントでのサインインが標準となりました。Windowsでのサインインがメール、カレンダー、Microsoft 365アプリなど一括してサインインする、いわゆるシングルサインインという便利な仕組みです。
>
> しかし個人情報の流出を懸念してかMicrosoftアカウントを使用したくない向きもあります。
>
> スマートフォンではGoogleアカウント、Apple IDによるサインインが求められるのは周知の事実ですが、サインインの先がPCになると、「なんとなく不安」というユーザーも存在するのでしょう。
>
> しかしMicrosoftアカウントはクレジットカードをはじめ多くの個人情報の登録が任意です。その点、Googleアカウント、Apple IDに比べてハードルは低いと思うのですが……。

3 [作成] をクリックします。

4 [新しいメールアドレスを取得] をクリックします。

5 ドメインを選択し、ドメイン以外のメールアドレスを入力し、[次へ] をクリックします。

おススメは新しいメールアドレスの作成

Microsoftアカウントは既存のメールアドレスも使用できます。しかしメールアカウントとMicrosoftアカウントが全く同じ文字列になり、パスワードの混乱を招きかねません。

Googleアカウントの@gmail.comと同じようにドメイン名とアカウントの種類が結びつくのが理想です。Microsoftアカウントに利用できるドメイン名は2021年10月現在、outlook.jp、outlook.com、hotmail.comの3種類ですが、取得時期によって変わる可能性があります。

6 パスワードを入力し、◎ をクリック
してパスワードを確認します。[次
へ] をクリックします。

7 姓名を入力して、[次へ] をクリック
します。

8 国/地域を選択し、生れた年・月・
日を選択し、[次へ] をクリックしま
す。

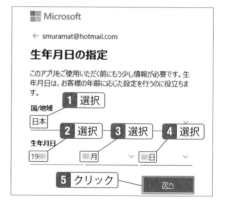

 メールアドレスの重複

　もし作成したいメールアドレスが既に使用されてい
ると通知されるので、別のメールアドレスを試してみ
ます。ドメイン以外の文字列を変更するか、ドメイン部
分 の [outlook.jp] [outlook.com] [hotmail.com] の
選択を変更して試してみます。

アカウントの作成

████████@outlook.jp は Microsoft アカウントとして既に
使用されています。別の名前を試すか、次の中から選んでく
ださい。これがご使用の名前であれば、そのままサインインして
ください。

9 サインインしているローカルアカウントのパスワードを入力して、[次へ] をクリックします。

10 PINの作成を求められるので、[次へ] をクリックします。

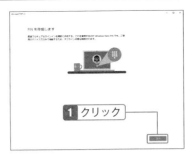

11 PIN（暗証番号）とPINの確認を入力して、[OK] をクリックします。

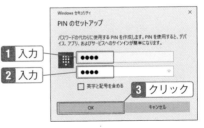

12 ローカルアカウントからMicrosoftアカウントに切り替わりました。次回からWindowsへのサインインには作成したPINまたはパスワードを入力する必要があります。

 PINとパスワード

　Microsoftアカウントのパスワードはユニバーサルなもので、全世界どのPCでも使用してサインインできます。これに対してPIN（暗証番号）はローカルなもので、そのPCでしか通用しません。Windowsにサインイン中に求められるのはほとんどがPINで済みますが、Webブラウザーでのサインインには使用できません。

Windowsの設定を同期する

複数のPCを同じ使い勝手にする

[設定の同期]をオンにすると、[テーマ][パスワード][言語設定][その他のWindows設定]が同じMicrosoftアカウントでサインインしたすべてのPCで反映されます。ただし設定の同期が反映されるには少し時間を要します。

Windowsの同期設定を管理する

 [設定]を開いて[アカウント]をクリックします。

 [設定の同期]をクリックします。

設定の同期にはMicrosoftアカウントが不可欠

Windowsの同期設定はMicrosoftアカウントでサインインした場合のみ有効になります。これはマイクロソフトのクラウドサービスの一つで、同期の情報がクラウドストレージに保存され、それをサインインした端末で情報を取得して全く同じ使い勝手を実現するのが目的です。

ただインストールされているアプリが異なれば、全く同じ使い勝手にはなりません。つまりアプリの管理は自身でそろえる必要があります。

設定の同期の対象

個別の同期の設定で明示的に表示されるのは、[テーマ][パスワード][言語設定][その他のWindows設定]の4項目です。

このうち[その他のWindows設定]はその内容が詳細に説明されていません。エクスプローラーのフォルダーオプション、マウス、プリンターの設定などという報告もありますが、明確ではありません。

タブレットなど極端に異なる仕様の端末を併用する場合、設定の同期が災いする場合もあるようです。端末ごとに異なる設定にするなら設定の同期はオフにしてもかまいません。

3 [設定の同期] がオフになっていた
ら、左から右にスライドします。

4 [設定の同期] がオンになりました。
個別に同期設定をする場合は [テー
マ] [パスワード] [言語設定] [その
他のWindows設定] をオン/オフ
します。

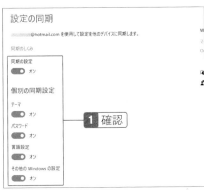

Windows 10からの乗り換え作業手順

ONE POINT 設定の同期ができない場合も

　Microsoftアカウントでサインインしていても、設定の同期ができない場合があります。それは同じ
端末で職場または学校のアカウントにもサインインしている場合です。
　これは「企業の端末で勝手に設定を同期しては困る」というクレームに対応した措置のようです。し
かし個人でMicrosoft 365 Apps for businessを使うため職場のアカウントにサインインしている
場合にも発生します。
　そんなときは [Windows] + [R] キー (ファイル名を指定して実行) を押して、「ms-settings:sync」
とファイル名を指定して実行すると、変更できる状態で [設定の同期] が開きます。

職場または学校のアカウントにサイン
インすると設定の同期ができません

移行できる設定は［ドキュメント］に書き出す

Microsoft IMEに登録した単語一覧を出力する

Windowsの設定を同期すると、主な設定は新しいPCに引き継げます。しかしアプリの設定など引き継げないものもあります。設定をファイルに書き出せるものは、［ドキュメント］に保存します。一例としてMicrosoft IMEに登録した単語一覧の出力を取り上げます。

登録した単語を出力する

1 タスクバー右の［Microsoft IME］（「あ」または「A」と表示）を右クリックして、［単語の追加］をクリックします。

2 ［ユーザー辞書ツール］をクリックします。

3 [ツール] をクリックし、[一覧の出力] をクリックします。

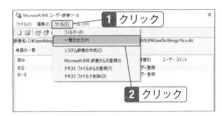

4 [クイックアクセス] > [ドキュメント] を選択し、[開く] をクリックします。

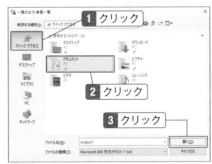

5 ファイル名を確認して、[保存] をクリックします。

6 単語の一覧がファイルに出力されました。[終了] をクリックします。

ONE POINT **以前のバージョンのMicrosoft IMEを使っている場合**

　Microsoft IMEの設定で [以前のバージョンのMicrosoft IMEを使う] をオンにしていると、[Microsoft IME] を右クリックして開くショートカットメニューが異なります。こちらの場合は [ユーザー辞書ツール] を直接選択できます。

▶以前のバージョンのMicrosoft IMEのショートカットメニュー

すべてのユーザーファイルをユーザーフォルダーに移動する

ユーザーファイルの移動をユーザーフォルダーに移す

乗り換え方法にもよりますが、引き継ぐファイルを [ドキュメント] と [ピクチャ] にまとめると、OneDriveのファイルのバックアップ管理オプションで乗り換えが楽になります。必要なユーザーファイルは両フォルダーにコピーあるいは移動しておきます。

ユーザーファイルの移動先を確認する

1 タスクバーの [エクスプローラー] をクリックします。

2 [ドキュメント] をクリックします。Word、Excel、PowerPointなどなどアプリで編集したファイルの保存場所です。多くのアプリが既定の保存場所にしています。移行するユーザーファイルは原則的にここに保存します。

 ユーザーファイルの場所

通常の使い方であれば、Windowsの各アプリは必要なユーザーファイルは [ドキュメント] [ピクチャ] [ビデオ] [ミュージック] のユーザーフォルダーに保存する仕組みになっています。しかし使い方によってはそれ以外のフォルダーに保存している可能性があります。

[ピクチャ] をクリックします。画像ファイルの保存場所です。デジタルカメラから写真を取り込むと、動画ファイルも混在して保存されます。

 [ビデオ] をクリックします。原則的に動画ファイルの保存場所ですが、このフォルダーを既定の保存先とするアプリは稀です。

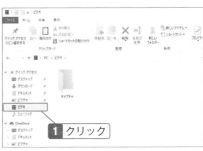

 [ミュージック] をクリックします。音楽ファイルの保存場所で、iTunesで保存した音楽ファイルなどが保存されます。

ONE POINT **[ビデオ] と [ミュージック] は容量に注意**

　[ビデオ] と [ミュージック] の両フォルダーには容量の大きいファイルが保存されている可能性があります。とくに [ビデオ] は1ファイルで1GBを超えるファイルもあります。OneDriveの容量は無料なら5GB、Microsoft 365 Personalなら1TBです。容量が許せば、移行するユーザーファイルはOneDriveにフォルダーごとにコピーして、貼り付けます。無料のユーザーは容量が厳しいので、他のクラウドストレージや外付けドライブなど別のバックアップ方法も視野に入れます。

ONE POINT **[ダウンロード] も要注意**

　[ダウンロード] フォルダーにはWebブラウザーでダウンロードしたファイルなどが保存されます。ほとんどは一時的に必要なファイルですが、中には保存しておきたいものもあるかもしれません。再ダウンロード可能なものは不要ですが、難しいものは [ドキュメント] フォルダーなどに一時的に移動させるといいでしょう。

147

05-06

SECTION

OneDriveにファイルを
バックアップする

バックアップより重要な設定の保存場所の変更

OneDriveには [デスクトップ] [ドキュメント] [ピクチャ] フォルダーをバックアップするオプションが用意されています。これはPC（ローカルディスク）の各ユーザーフォルダーをそのままOneDriveフォルダーに変更すると考えたほうがいいでしょう。

ユーザーフォルダーをOneDriveに変更する

1 エクスプローラーのクイックアクセスのうち [デスクトップ] [ドキュメント] [ピクチャ] に「PC」と表示されているのを確認します。

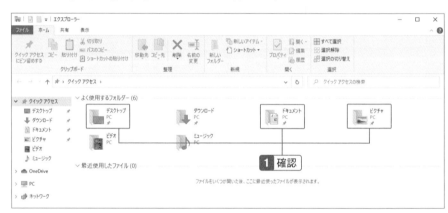

2 タスクバーの [OneDrive] を右クリックし、[設定] をクリックします。

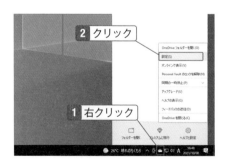

> **ONE POINT バックアップの管理というより保存場所の変更**
>
> OneDriveでフォルダーのバックアップを管理するというのは、既定の保存場所を変更すると考えるといいでしょう。
> OneDriveにユーザーファイルを保存するように設定すると、PC（ローカルディスク）のユーザーフォルダーは使用しなくなるので、＜個人用フォルダー＞の [ドキュメント] と [ピクチャ] の両フォルダーは保存先として使用されなくなります。

3 [Microsoft OneDrive] ダイアログ
ボックスが開きます。[バックアッ
プ] タブを選択し、[バックアップを
管理] をクリックします。

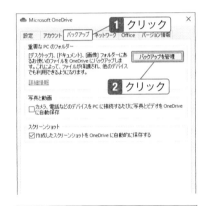

4 [バックアップの開始] をクリックし
ます。

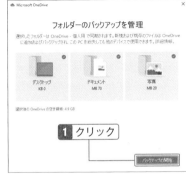

5 [同期の進行状況を表示] をクリック
します。

 Windows 10からの乗り換え作業手順

ONE POINT **バックアップの開始は一括、停止は個別**

「デスクトップ」「ドキュメント」[ピクチャ] のバックアップは常に一括して設定する必要があります。
もし一部をバックアップしないならバックアップを開始した後で個別にバックアップを停止します。

6 オンラインのOneDriveに同期され
ている状況が確認できます。

7 バックアップを開始すると、エクスプローラーのクイックアクセスで「デスクトッ
プ」[ドキュメント]［ピクチャ］の「PC」が「OneDrive」に変更されているのが確認
できます。

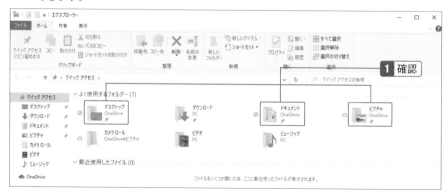

バックアップの個別設定を確認する

1 同じ手順で［フォルダーのバック
アップを管理］を開きます。ここで
は便宜的に［デスクトップ］のバッ
クアップを停止するので、デスク
トップ欄の［バックアップを停止］
をクリックします。

2 [バックアップを停止] をクリックします。

3 [閉じる] をクリックします。

4 [デスクトップ] がバックアップの対象から除外されました。[×] (閉じる) をクリックします。

 それぞれのバックアップ管理を選択する

　[デスクトップ] [ドキュメント] [ピクチャ] は個別にバックアップを停止できるので、必要ないフォルダーはバックアップを停止します。
　たとえば、複数の端末でデスクトップを使い分けたいなら [デスクトップ] のみバックアップを停止します。ただしアップグレードインストールまたはクリーンインストールをして主力PCとして使い続けるならバックアップしたほうがいいと思います。

その他のユーザーフォルダーを OneDriveにバックアップする

OneDriveを活用すると便利

Microsoft 365サブスクリプションでOneDriveを1TB使用できるならこれを使わない手はありません。OneDriveのバックアップ管理で[ドキュメント][ピクチャ]を移行できますが、その他のユーザーフォルダーはコピーして、[OneDrive]に貼り付けます。

その他のユーザーフォルダーをOneDriveにバックアップする

1 [ダウンロード]をクリックして選択し、[Ctrl]キーを押しながら[ビデオ]をクリックして選択し、さらに[Ctrl]キーを押しながら[ミュージック]をクリックして選択します。

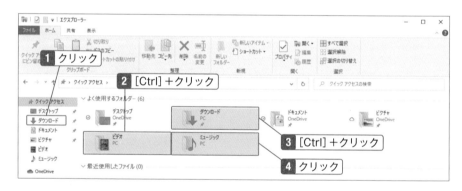

2 [コピー]をクリックします。

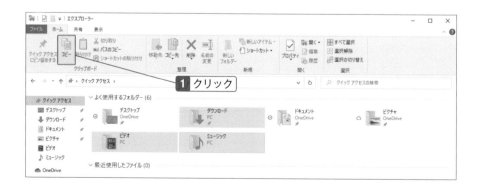

3 [OneDrive] をクリックして選択します。

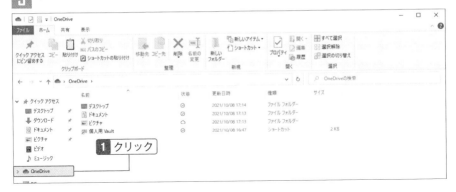

4 [貼り付け] をクリックします。

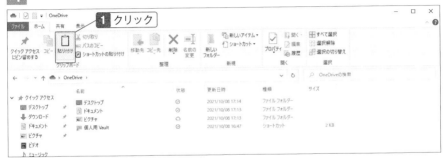

5 選択したフォルダーがOneDriveにバックアップされました。

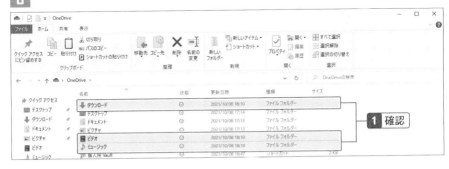

単純なコピー&貼り付けでOK

ここでは特別な技術は必要ありません。必要なユーザーフォルダーを選択し、OneDriveフォルダーに貼り付けるだけです。なおOneDriveフォルダーはローカルディスクにありますが、自動的にオンラインのOneDriveと同期されます。PCをシャットダウンする前にタスクバーの[OneDrive]をクリックして、同期が完了しているか確認したほうがいいでしょう。

その他のバックアップ先の選択

OneDrive以外にもバックアップが可能

Windowsで最も適したバックアップ先はOneDriveですが、Google Drive、iCloudドライブなど他のクラウドストレージを利用する方法もあります。また外付けSSD/HDD、USBフラッシュドライブも有効な選択肢です。コピー&貼り付けの要領はOneDriveと同じです。

クラウドストレージ

クラウドストレージはPCがオンラインで使用されるのが当たり前の時代に最も有力なバックアップ先です。ただそこで問題となるのがストレージの容量です。

OneDriveは無料で使用する場合、現在の容量は5GBでバックアップ先としては心もとないですが、Microsoft 365サブスクリプションの場合、1TBと格段に容量が大きくなります。通常の使い方であれば十分なサイズといっていいでしょう。

以下に各クラウドストレージサービスの概要を記しますが、個人的には外付けドライブを買うより、使い勝手、費用対効果の面で有利だと思います。

●主なクラウドストレージサービス

運用会社	サービス名	プラン名など	月額	年額	容量
Microsoft	OneDrive	無料	¥0	-	5GB
		プレミアム	¥224	-	100GB
		Microsoft 365 Personal *1	¥1,284	¥12,840	1TB
Google	Googleドライブ	無料	¥0	-	15GB
		ベーシック	¥250	¥2,500	100GB
		スタンダード	¥380	¥3,800	200GB
		プレミアム	¥1,300	¥13,000	2TB
Apple	iCloud Drive	無料	¥0	-	
		iCloud+ 50 GBストレージ付き *2	¥130	-	50GB
		iCloud+ 200 GBストレージ付き *2	¥400	-	200GB
		iCloud+ 2 TBストレージ付き *2	¥1,300	-	2TB
Dropbox	Dropbox	Basic	¥0	-	2GB
		Plus	¥1,500	¥14,400	2TB
		Professional	¥2,400	¥24,000	3TB
Box	Box	Personal	¥0	-	10GB
		Personal Pro	¥1,200	-	100GB

*1 Microsoft 365デスクトップアプリなどが含まれる
*2 アップルのオプションサービスが含まれる

(2021年10月時点)

外付けドライブ

　外付けHDDが長い間、PCのバックアップに使用されてきました。現在でもローカルストレージとしては最も費用対効果が高く、大容量です。

　次に外付けSSDも有力な選択肢です。ただだいぶ価格が下がったとはいえHDDに比べて容量単価が高いので予算との相談になります。

　またUSBドライブもバックアップ容量が少なければ手軽でいいでしょう。カードリーダー経由でメモリカード（mini/microを含むSD/SDHC/SDXCカード、コンパクトフラッシュ、メモリースティックなど）を使用する手もあります。

　いずれにしても接続方法が問題で、USB 2.0接続では低速です。USB 3.0以上で接続したほうがいいでしょう。

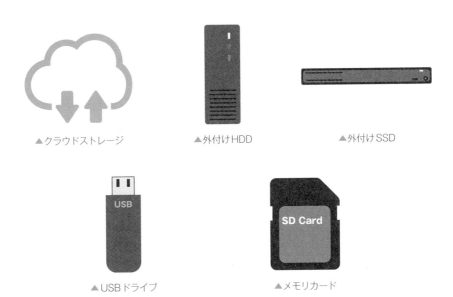

▲クラウドストレージ　　　　▲外付けHDD　　　　▲外付けSSD

▲USBドライブ　　　　▲メモリカード

Wi-Fi設定を保存する

面倒なパスワード入力など設定を簡単にする

Windowsをクリーンインストールすると、ルーターからは新しいPCと認識されるため
Wi-Fiをあらためて設定しなければなりません。もしWi-Fiで接続中ならSSIDのネットワー
クセキュリティキーを確認できます。保存しておきましょう。

SSIDのネットワークセキュリティキーを確認する

1 タスクバーの［ネットワーク］をク
リックして、［ネットワークとイン
ターネットの設定］をクリックしま
す。

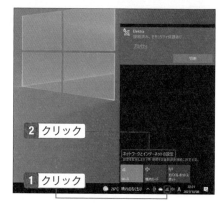

2 ［ネットワーク共有センター］をクリックします。

3 [Wi-Fi（SSID名）] をクリックします。

クリック

4 [ワイヤレスのプロパティ] をクリックします。

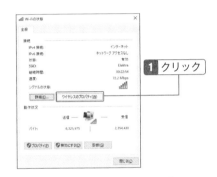

クリック

5 [セキュリティ] を選択し、[パスワードの文字を表示する] をチェックします。

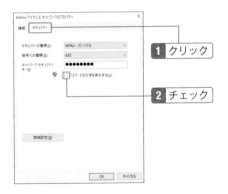

1 クリック

2 チェック

ONE POINT **SSIDはネットワーク名**

Wi-Fi接続では、接続先候補として多数のアクセスポイントが参照されます。このうち目的のアクセスポイントを探す手掛かりになるのがネットワーク名です。このネットワーク名はSSID（Service Set IDentifier）と呼ばれます。

セキュリティ保護されているSSIDにはネットワークセキュリティキー（パスワード）が必要になります。公共のSSIDはパスワード保護されていないものもありますが、自前のアクセスポイント（Wi-Fiルーターなど）を使用する場合は必ずパスワードを設定します。メーカーの初期設定のパスワードは公開されているものと考えて必ず変更すべきです。

6 ネットワークセキュリティキー（パスワード）が表示されました。

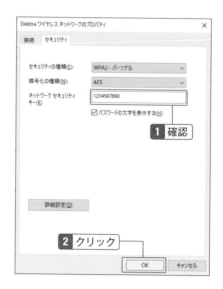

ネットワークセキュリティキーを保存する方法として一番楽なのは、パスワードを表示した状態で［ワイヤレスネットワークのプロパティ］を撮影してしまう方法です。

［ワイヤレスネットワークのプロパティ］ダイアログボックスがアクティブな状態で、［Alt］＋［PrintScreen］キーを押すと、OneDriveの［ピクチャ］＞［スクリーンショット］フォルダーに撮影日のファイル名（複数の場合は末尾に（1）、（2）、（3）……）で保存されます。

OneDriveを使用していない場合はクリップボードにコピーされているので、［ペイント］を起動して、貼り付けて保存します。

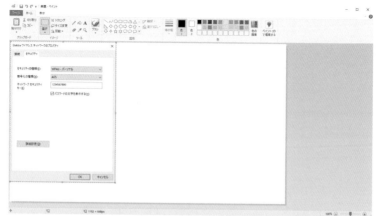

▲OneDriveに保存できなければ、［ペイント］を開いて貼り付けて、保存します。

Windows 11に
アップグレードする手順

Windows 10 PCでのWindows 11へのアップグレードは基本的にアップグレードインストール、クリーンインストールの2種類の方法があります。このうちアップグレードインストールはWindows 10のユーザーファイルや設定を維持したままWindows 11に移行できる方法です。一方、クリーンインストールはWindows 10 PCのシステムドライブをいったん空にしてからアップグレードする方法です。使用中のPCがWindows 11に対応しているかどうか見極めてから、アップグレード作業に入ります。

SECTION 06-01

Windows 11にアップグレード可能か確認する

Windows UpdateとPC正常性チェックでテストする

使用中のPCが現状でWindows 11にアップグレードできるか確認するには最初にWindows Updateを開いてみます。そして対応していない場合、PC正常性チェックで各システム要件への対応状況を確認してみます。

最初にWindows Updateで対応を確認する

1 ［スタート］をクリックして、［設定］をクリックします。

2 Windows Update] または [更新とセキュリティ] をクリックします。

3 【アップグレード対応の場合】「このPCでWindows 11を実行できます」と表示されました。この場合はセクション06-02に進みます。

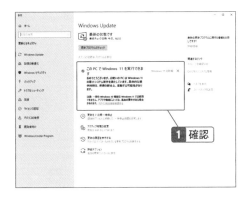

1 確認

非対応ならPC正常性チェックで確認する

4 【アップグレード非対応の場合】「このPCは現在、Windows 11のすべてのシステム要件を満たしていません」と表示されました。[PCの正常性チェックを受ける]をクリックします。

1 クリック

5 [PC正常性チェックアプリのダウンロード]をクリックして、[ファイルを開く]をクリックします。

2 クリック
1 クリック

ONE POINT

あきらめるのはまだ早い

「このPCは現在、Windows 11のすべてのシステム要件を満たしていません」と表示されても、この段階ではまだWindows 11へのアップグレードの道が断たれたわけではありません。
PCの正常性チェックをして満たされていないシステム要件を確認します。場合によってはフォームウェアの設定を変更すれば、システム要件を満たせるかもしれません。

06

Windows 11にアップグレードする手順

6 [インストール] をクリックします。

7 [Windows PC正常性チェックを開く] の☑をそのままで、[完了] をクリックします。

8 [今すぐチェック] をクリックします。

9 「TPM 2.0は検出されませんでした」と表示されました。[すべての結果を表示]をクリックします。

10 すべての項目を見るためにスクロールダウンします。

11 他の項目はすべてクリアしていました。

Windows 11にアップグレードする手順

ONE POINT **PC正常性チェックとは**

　PC正常性チェックはマイクロソフトが提供するWindows 11への対応状況をチェックするためのアプリです。

　なぜ「正常性チェック」という名称にしたのかは定かではありませんが、2016年後半以降のWindows 10 PCはこのテストをクリアするように作られています。セキュアブート対応、TPM 2.0対応に目を奪われがちですが、64ビット対応が不可欠になったことも見逃せません。Windows 10では存在した32ビット版のWindows 10 PCはこのテストをクリアできません。

UEFIファームウェアの設定を確認する

［設定］からUEFIファームウェアを開く

PC正常性チェックで「このPCは現在、Windows 11のシステム要件を満たしていません」と表示されたら、UEFIファームウェアを開いて、関連項目を確認しましょう。設定を変更するだけでWindows 11のシステム要件を満たせるかもしれません。

UEFIファームウェアを開いてみる

1 ［設定］を開いて、［更新とセキュリティ］をクリックします。

2 ［回復］を選択し、「PCの起動をカスタマイズする」欄の［今すぐ再起動］をクリックします。

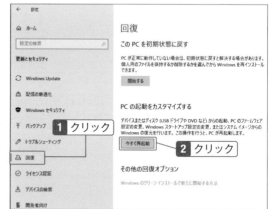

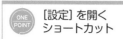

> **ONE POINT**
>
> **［設定］を開く**
> **ショートカット**
>
> 本書では何度も［設定］を開く操作が登場します。［スタート］＞［設定］で開きますが、［Windows］＋［I］キーを押しても、［設定］が開きます。これは本書を読んでいる間に必ず覚えてほしいショートカットです。

[トラブルシューティン
グ] をクリックします。

[詳細オプション] をク
リックします。

[UEFIファームウェアの
設定] をクリックします。

 **通常の操作が効かな
い青い画面**

ここで開く青い画面は、PCが動
作不能になったときの、いわゆる
ブルースクリーンとは異なりま
す。しかし通常のデスクトップで
可能な操作はできなくなります。
たとえば [Print] キーで可能なス
クリーンショットもこの画面の間
は機能しません。

UEFIファームウェアの設定] が表示されない場合

PCのファームウェアがBIOSモードで動作している場合、[詳細オプション] に [UEFIファームウェ
アの設定] という項目は表示されません。
この場合、PCの電源投入直後にファームウェアを呼び出す必要があります。メーカーによってファー
ムウェアの起動方法は異なりますが、メーカーロゴが表示されている間に [Del] キーまたは [F2] キー
を押す方法が一般的です。PCまたはマザーボードの取扱説明書で確認しましょう。
なおBIOSモードで動作している場合、PCがWindows 11に対応していてもアップグレードインス
トールはできません。クリーンインストールの道は残されています

Windows 11にアップグレードする手順

［再起動］をクリックします。

 セキュアブート関連の項目を探し、[Secure Boot Enable]（セキュアブート有効）に☑を入れます。

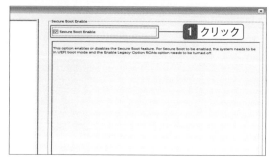

 TPM関連の項目を探し、TPM On（TPMオン）に☑を入れます。

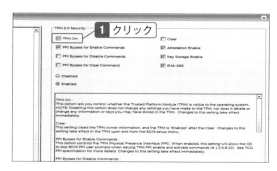

ONE POINT ファームウェア設定画面はメーカーによって表示が異なる

　PCのファームウェア設定画面はPCメーカー、マザーボードメーカーによって異なります。そのためセキュアブート、TPMの項目がどこに配置されるのかはまちまちです。セキュリティ関連のページを根気よく探して、この2項目を発見し、設定を変更できれば、Windows 11のシステム要件を目たせる可能性があります。

9 [Apply](適用)をクリックします。

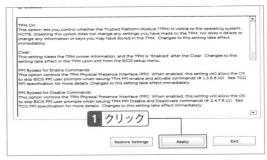

10 [Apply Setting Confirmation](設定適用の確認)で [OK] をクリックします。

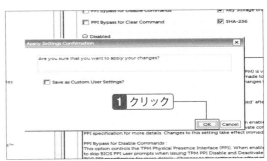

11 [Exit](終了)をクリックします。UEFIフォームウェアの設定が変更され、PCが再起動します。

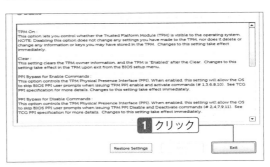

06 Windows 11にアップグレードする手順

ONE POINT ファームウェア設定画面は英語が基本

PCのファームウェア設定画面は原則的に英語表示です。日本メーカー製PCでは日本語の場合もあります。なおマザーボードメーカーの場合、表示を日本語に切り替えられるものもありますが、翻訳精度があまりよくないことが多いので、英語のままの方がわかりやすい場合もあります。

Windows 11 をダウンロードする

Windows 11のインストールディスクを作成する

2021年10月現在、Windows 10のWindows UpdateにはWindows 11へのアップグレードを選択できるボタンが表示されません。しかしWindows 11のダウンロードページはすでに用意されています。

「Windows 11をダウンロードする」の選択肢

「Windows 11のダウンロードする」ページには、①Windows 11インストールアシスタント、②Windows 11のインストールメディアを作成する、③Windows 11ディスクイメージをダウンロードする——と3種類の選択肢があります。本書ではアップグレードインストール、クリアインストール両対応の②をおススメします。

①Windows 11インストールアシスタント

Windows 10 PCでWindows 11のインストールに必要なファイルを特定のフォルダーにダウンロードして、ウィザードでアップグレードインストールを支援する方法です。そのためクリーンインストールはできません。またインストールメディアは保存されないので、1回限りのアップグレード向けです。

②Windows 11のインストールメディアを作成する

USBフラッシュドライブにインストールメディアを作成する、あるいはDVDなど光学メディア書き込み用のISOファイルを作成します。ブートディスクとして作成されるので、ダウンロードしたPCはもちろん他のWindows 11対応PCでもアップグレードインストール、クリーンインストールのどちらにも対応できます。

③Windows 11ディスクイメージをダウンロードする

ディスクイメージ（ISO）を直接ダウンロードする方法です。作成されるISOファイルは②で使用するメディアにISOファイルを選択した場合と全く同じです。ISOファイルからブートディスクを自力で作成できるユーザーのみ選択してください。

Windows 11をダウンロードする

1 「windows 11」「iso」「ダウンロード」などをキーワードに「Windows 11をダウンロードする」ページを検索します。

2 Windows 11をダウンロードする」をクリックします。

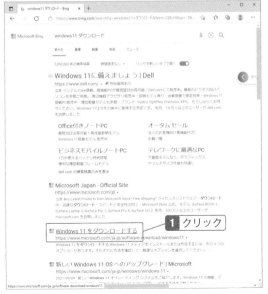

3 「Windows 11 をダウンロードする」ページが開きました。スクロールダウンします。

4 3種類の選択肢が表示されます。「Windows 11 のインストールメディアを作成する」欄の [今すぐダウンロード] をクリックします。[ファイルを開く]をクリックします。

 インストールディスクを作成する意味

Windows 11のインストールディスクを作成しておけば、不具合があったときに修復セットアップに利用できますし、再インストールも可能です。インストールで使用した後もWindows 11を使用している期間はそのまま保存しておくことをおススメします。

Media Creation Toolでインストールディスクを作成する

5 [同意する] をクリックします。

6 [このPCにおススメのオプションを使う] を☑したまま [次へ] をクリックします。

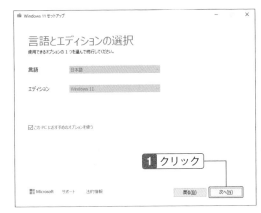

06

Windows 11にアップグレードする手順

ONE POINT [このPCにおすすめのオプションを使う] の☑を外すと

　[このPCにおすすめのオプションを使う] の☑を外すと、言語で [日本語] 以外を選択できるようになります。しかしエディションは [Windows 11] 以外の選択肢はありません。日本語以外の言語を選択したい場合を除いて、☑を外す必要はありません。

▲ 言語は日本語以外も選択できます

▲ エディションは Windows 11以外選択肢は用意されません

171

7 [USBフラッシュドライブ]を選択して[次へ]をクリックします。

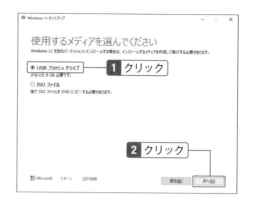

8 8GB以上のUSBフラッシュドライブをPCに接続して、リムーバブルドライブでそのドライブを選択し、[次へ]をクリックします。

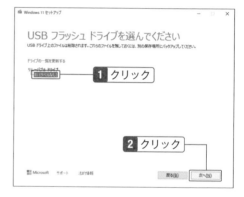

9 [完了]をクリックします。

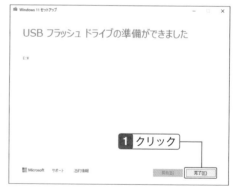

インストールディスクはUSBフラッシュドライブの一択

　Windows Media Creation Toolではインストールディスクの作成で、USBフラッシュドライブとISOファイルを選択できますが、よほどの理由がなければ、USBフラッシュドライブを選びます。
　ISOファイルは仮想ドライブとしてマウントしたり、片面2層のDVDメディアに書き込んでインストールディスクを作成したりできますが、取り扱いにはある程度PCの知識が要求されます。
USBフラッシュドライブはDVDに比べて読み出し速度が速くインストール時間も短縮されます。さらにPCにUSB 3.0以上の端子（青色）が用意されていれば、こちらを使用すると、USB 2.0端子（白色）に比べて、かなり高速で読み出し/書き込みができます。
Windows 11のインストールディスクは8GBの容量があれば十分です。8GBのUSBフラッシュドライブは1000円以下で購入できますので、インストールディスク専用として購入しても決して高い買い物ではありません。

USBフラッシュドライブ　　　　　ISOファイル　　　　　　　　　DVD

▲USBフラッシュドライブ
に書き込むと、そのまま
ブートディスクとして使用
できます

▲PCにディスクイメージ（ISOファイル）を保存して、それを片
面2層のDVDに書き込むとブートディスクを作成できます

 選択肢のなくなったWindows 11のブートディスク

　Windows 10のブートディスクの作成は、①32ビット版、②64ビット版、③32ビット版/64ビット版両方——から選択できました。しかしWindows 11は32ビット版が用意されないので、64ビット版の一択です。
　Windows 11のブートディスクには以下の3種類のエディションが含まれています。
　　　・Windows 11 Home
　　　・Windows 11 Education
　　　・Windows 11 Pro
　アップグレードインストールでは自動的に同じエディションが選択されます。しかしクリーンインストールの場合はユーザーが3種類から選択してインストールします。Windows 10でライセンス認証されているエディションと同じまたは下位のエディションを選択すれば、そのまま自動的にWindows 11でライセンス認証されます。

Windows 11 をアップグレード インストールする

同じエディションの Windows 11 にアップグレード

作成したインストールディスクを使用して Windows 10 から Windows 11 にアップグレードします。なおアップグレードできるのは同じエディションに限ります。初期セットアップに必要な情報は引き継がれるので、あらためて設定する必要はありません。

インストールディスクから Windows 11 にアップグレード

1 USB フラッシュドライブで作成したインストールディスクを接続すると、エクスプローラーが開くの「setup」を選択し、[開く]をクリックします。

2 [はい]をクリックします。

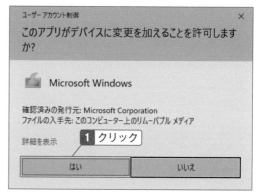

 大規模アップデートに近い Windows 11 へのアップグレード

　Windows 11 へのアップグレードはほとんど選択項目のなく、ウィザードにしたがっていけば、あっけなく完了します。Windows 10 では年 2 回定期的な大規模アップデートがありましたが、印象としてはこれと大きく変わりません。
　Windows 11 の初期設定は Windows 10 のものがそのまま引き継がれるので、とくに選択を迫られるようなこともありません。正直拍子抜けするくらいあっさりしたものでした。

3 [次へ] をクリックします。

4 [同意する] をクリックします。

5 [インストール] をクリックします。

 個人用ファイルとアプリの引き継ぎ

　引き継ぐものを選択する場合は、[引き継ぐものを変更] をクリックします。引き継ぐ項目は、①個人用ファイル、設定、アプリを引き継ぐ (既定)、②設定とアプリを削除し、個人用ファイルのみを引き継ぐ、③何もしない、つまり何も引き継がない——から選択します。Windows 10の環境をできるだけ引き継ぎたいなら既定のまま①を選択します。②は個人用ファイルだけを引き継いで、設定とアプリは削除されます。③は個人用ファイル、アプリ、設定を引き継がないので、クリーンインストールに近い状態になります。

▲個人用ファイル、アプリ、設定で引き継ぐ項目は選択できます。

6 Windows 11のインストールが開始されます。

7 インストールが完了すると再起動します。

8 メーカーロゴ画面が表示された後、更新プログラムが構成されます。

9 クリックまたは [Enter]
キーを押して、サインイン
画面を表示します。

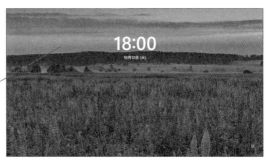

1 クリック

10 サインインするMicrosoft
アカウントを選択し（ここ
では唯一のアカウントた
め選択肢が表示されませ
ん）、パスワードを入力し
て、Enter キーを押しま
す。

1 入力

11 Windows 11にアップグ
レードされました。

ONE
POINT 引き継がれるWindows 10の設定

　Windows 10からアップグレードインストールすると、インストール時の選択にもよりますが、設定
を引き継ぐとWindows 10のデスクトップの面影が見られます。
　Windows 11のクリーンインストールではテーマとしてWindows 11版「Windows（ライト）」が適
用されます。しかしここではWindows 10版「Windows」からアップグレードすると、全体としてデス
クトップはWindows 11版「Windows（ダーク）」が適用され、壁紙だけはWindows 11版「Windo
ws（ライト）」になりました。
　テーマは後で変更できるので問題ありませんが、「目にしていたWindows 11のデスクトップとなん
か違う」と思ったら、そういう理由です。

06-05

SECTION

Windows 11 をクリーンインストールする

インストールディスクから Windows 11 をインストールする

作成したインストールディスクを使用してWindows 11をクリーンインストールします。システムドライブは完全に消去されるので、バックアップは必要以上に確認してください。PCの知識がない方にはおススメできる方法ではありません。

インストールディスクで無垢な Windows 11 を入手

1 USBフラッシュドライブで作成したインストールディスクをUSBポートに挿入して、PCのUEFIファームウェア設定画面（各メーカーにより設定方法が異なります）を開き、USBフラッシュドライブの起動順位を最優先に設定して再起動します。

▲ ASRock マザーボードの UEFI ファームウェア設定画面（例）

2 Windows 11のロゴマークが表示されたらUSBフラッシュドライブからの起動に成功しています。

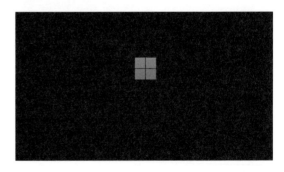

 USBドライブからの起動

　PCのUEFIファームウェアでは起動ドライブの優先順位を設定できます。また起動時に特定のキーを押して、起動ドライブを選択できるものもあります。基本的にインストール時はセキュアブートを無効にし、インストールが終了したら有効に変更します。

　なおUSBフラッシュドライブの起動順位を最優先にしていても、Windowsのインストールで再起動したときには、通常は自動的にシステムドライブ（Cドライブ）から起動されます。しかしなかには繰り返しUSBフラッシュドライブから起動してしまうものもありますので、再起動時に改めてUEFIファームウェアで起動順位をWindows Boot Managerに変更します。

178

3　インストールする言語、時刻と通貨の形式、キーボードまたは入力方式、キーボードの種類を確認し（通常は変更不要）、[次へ]をクリックします。

4　[今すぐインストール]をクリックします。

5　（Windows 10でライセンス認証されているPCであれば）[プロダクトキーがありません]をクリックします。

ONE POINT　クリーンインストールは[カスタム]の一択

　インストールの種類は[アップグレード]と[カスタム]がありますが、アップグレードインストールの場合はWindows 10でsetup.exeを実行するので、USBフラッシュドライブから起動した場合は選択できません。クリーンインストールでは必ず[カスタム]を選択してください。

6 インストールするオペ
レーティングシステム
（ここでは［Windows 11
Home］を選択）を選択
し、［次へ］をクリックし
ます。

7 ［Microsoftソフトウェア
ライセンス条項に同意し
ます……］に☑を入れ、［次
へ］をクリックします。

8 ［カスタム］をクリックし
ます。

 注意すべきインストールドライブ

　この画面ではドライブ0にSSD、ドライブ1にHDDを接続しています。クリーンインストールでは
1台のドライブすべてのパーティションを削除し、ドライブを丸ごと「割り当てられていない領域」にし
て、それを選択してインストールする方法がいいと思います。
　なお表示されるドライブ番号はハードウェアの内部的なSATAポートの接続番号で自動的に決まりま
す。通常はドライブ0を選択すればいいですが、mSATAなど通常のSATAポートで接続できないもの
は、必ずしもドライブ0にはなりません。容量を見れば通常はわかりますが、同じ容量のドライブを2台
接続していると判断が難しくなります。

9 インストールするドライ
ブ（ここでは「ドライブ0
パーティション1」））を選
択し、[削除] をクリック
します。

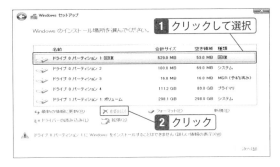

10 [OK] をクリックします。
同じ要領で同じドライブ
のすべてのパーティショ
ンを削除します。

11 「割り当てられていない領
域」を選択し、[次へ] をク
リックします。領域は自動
的に割り当てられます。

12 自動的に再起動され、イン
ストールが始まります。そ
して完了すると初期セッ
トアップに移行します。

Windows 11にアップグレードする手順

SECTION 06-06

Windows 11の初期セットアップをする

クリーンインストール後は初期セットアップが必要

Windows 11をクリーンインストールして再生したPCはたとえハードウェア的に中古であっても、ソフトウェア的には新品と同じです。そのため初期セットアップに必要な情報を入力する必要があります。

初期セットアップを設定する

1	再起動後、Windows 11 のロゴが表示されます。	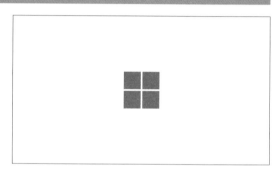

2	選択されている国または地域（ここでは［日本］）を確認し、［はい］をクリックします。	

 黒バックと白バック

Windows 11のインストール時には最初に黒バックでWindows 11ロゴが小さく表示され、初期セットアップがでは白バックにWindows 11ロゴが大きく表示されます。特に操作は必要ありませんが、インストール＆セットアップ作業が順調に進んでいる証拠と考えていいと思います。

3 キーボードレイアウトまたは入力方式（ここでは[Microsoft IME]）を確認し、[はい]をクリックします。

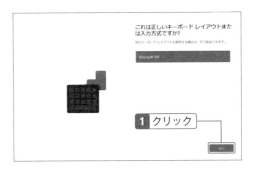

4 2つめのキーボードレイアウトが必要なければ[スキップ]します。PCの名前を設定し、[次へ]をクリックします。

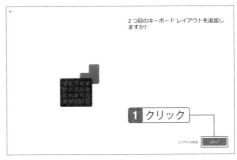

5 Wi-Fi接続の場合、自動的にアクセスポイントが表示されるので、使用するSSIDを選択して（画面では1つのみ表示）、[接続]をクリックします。なおイーサネット接続している場合、[ネットワークに接続しましょう]はスキップされます。

Windows 11にアップグレードする手順

ONE POINT　2つ目のキーボードの追加

　個人的には初期設定で2つ目のキーボードの設定は必要なのかと思いますが、複数のキーボードレイアウトが必要な国または地域もあるようです。日本では90％以上が日本語キーボードを使用していると思いますので、ほとんどのユーザーには不要な設定です。
　なお筆者は英語キーボードを愛用していますが、インストールの最初の画面で、キーボードの種類に[英語キーボード（101/102キー）]を選択していて、ここではとくに設定を変更していません。

6 ネットワークセキュリティキー（パスワード）を入力して、[次へ] をクリックします。

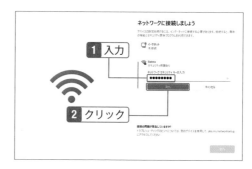

7 もう一度 [次へ] をクリックします。

8 PCの名前を入力し、[次へ] をクリックします。[今はスキップ] をクリックすると、自動的に名前が付けられますが、後で変更できます。

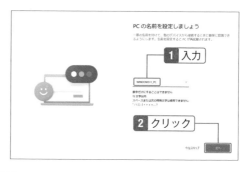

---

9 PCの用途を［個人用に設定］（ここではこちらを選択）、［職場または学校に設定する］からクリックして選択し、［次へ］をクリックします。

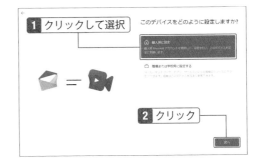

10 Microsoftアカウントを入力し、［次へ］をクリックします。Microsoftアカウントをまだ登録していなければ、［作成］をクリックします（手順はセクション05-02を参照）。

11 Microsoftアカウントのパスワードを入力し、［次へ］をクリックします。

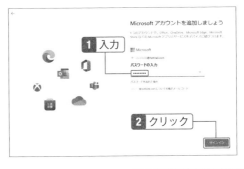

ONE POINT **Homeエディションではローカルアカウントが選択できない**

　Windows 11 Homeでは、最初のユーザーのサインイン方法はMicrosoftアカウントの一択になりました。Windows 11 Proでは相変わらずローカルアカウントも選択できます。
　どうしても最初にローカルアカウントでサインインしたいユーザーにはその方法を後述しますが、スマートフォンでは当たり前のクラウドアカウントへのサインインがどうしてPCでは拒否されがちなのか理解に苦しみます。

12 [PINの作成]をクリック
します。

13 PIN(暗証番号)とPINの
確認に同じものを入力し、
[次へ]をクリックします。

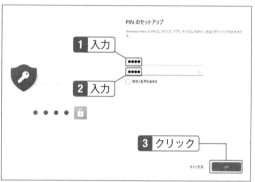

14 [○○から復元]または
[新しいデバイスとして設
定する](ここではこちら
を選択)を選択し、[次へ]
をクリックします。

 迷ったら[新しいデバイスとして設定する]を選択

　すでに同じMicrosoftアカウントでサインインしているPCがある場合、[○○から復元]という選択
肢が表示されます。
　併用する場合は[新しいデバイスとして設定する]を選択します。また古いPCをもう使わない場合は
[○○から復元]を選択する方法もありますが、[新しいデバイスとして設定する]を選択しても支障はあ
りません。

15 デバイスのプライバシー
設定を個々に選択し、[次
へ] をクリックします。

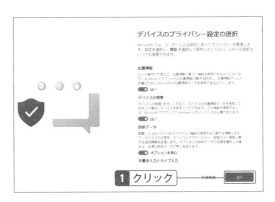

16 引き続きデバイスのプラ
イバシー設定を個々に選
択し、[次へ] をクリックし
ます。

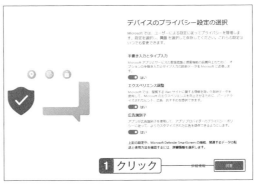

17 エクスペリエンスの項目
を選択し、[承諾] をクリッ
クするか、[スキップ] (こ
こではこちらを選択) をク
リックします。

06

Windows 11にアップグレードする手順

ONE POINT デバイスのプライバシー設定とエクスペリエンスのカスタマイズ

初期セットアップも後半になってくると、どうしてもないがしろにしがちです。デバイスのプライバ
シー設定とエクスペリエンスのカスタマイズはちょうどそのあたりに出現します。これらは後で変更で
きるので、ここでは既定のまま受け入れて、後で落ち着いて変更するのがいいでしょう。

18 OneDriveの設定を「One Driveでファイルのバックアップを行う」(ここではこちらは選択) または [ファイルのバックアップを行わない] から選択し、[次へ] をクリックします。

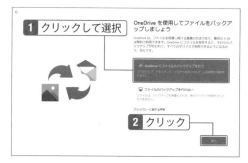

19 再起動された後、何度か画面が切り替わり、少し時間を要します。

20 すべてが完了すると、Windows 11に自動的にサインインします。

 OneDriveのバックアップ設定

OneDriveのバックアップ設定も後で変更できるので、ここでは [ファイルのバックアップを行わない] を選択しても支障はありません。
[OneDriveのバックアップを行う] を選択すると、最初からクイックアクセスの [デスクトップ] [ドキュメント] [ピクチャ] がOneDriveフォルダーのサブフォルダーとして設定されるので、ローカルディスクの [デスクトップ] [ドキュメント] [ピクチャ] はずっと空の状態が続くことになります。

Windows 11 を自分流に
カスタマイズする

最新の Windows 11 はできれば新しいスタイルで使用したいものです。しかしながら従来どおりの使い勝手で使用したいというユーザーも少なからず存在します。そこで本章では Windows 11 を従来の Windows の使い勝手に近づけて使用する方法を解説します。タスクバーの配置を左揃えにして、デスクトップアイコンを配置してくと、従来の Windows に様変わりします。

タスクバーの配置を左揃えにする

スタートメニューをWindows伝統のスタイルにする

新しい使い勝手は新鮮ですが、長年の習慣を変えるのは容易ではありません。Windows 11の既定で中央揃えになったタスクバーのボタンを左揃えに配置して、スタートメニューをこれまでどおり左下に表示する方法を解説します。

スタートとピン留めしたアプリを左寄せにする

1 ［設定］＞［個人設定］を開いて、［タスクバー］をクリックします。

2 ［タスクバーの動作］をクリックします。

 ついつい左下にマウスポインターを動かしてしまうなら

長年の癖はそう簡単に治りません。中央揃えの新しいタスクバーに対応できるなら必要ありませんが、どうしても［スタート］ボタンは左端じゃないと使いにくいユーザーはタスクバーの配置を左寄せ委にしてもいいと思います。

3 [中央揃え] をクリックします。

4 [左揃え] をクリックします。

5 タスクバーが左揃えになり、スタートメニューが左寄りになりました。

Windows 11 を自分流にカスタマイズする

07-02
SECTION

デスクトップに従来のアイコンを
表示する

最新のアイコンでレガシーなデスクトップ

Windows 11の既定ではデスクトップには [ごみ箱] と [Microsoft Edge] しか配置されません。しかし従来のように [個人用フォルダー] [PC (コンピューター)] [ネットワーク] [コントロールパネル] を一括して簡単に配置できます。

個人用フォルダー、コントロールパネルなどを表示する

1 [設定] > [個人設定] を
開いて、[テーマ] をクリックします。

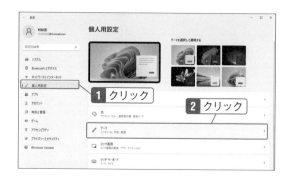

2 [デスクトップアイコンの
設定] をクリックします。

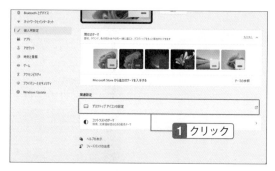

 ONE POINT **デスクトップアイコンにこだわるユーザーも**

　筆者は個人的にはデスクトップには [ごみ箱] 以外のアイコンを配置しません。タスクバーにピン留めしたほうがシングルクリックで起動するので、ダブルクリックが必要なデスクトップアイコンより操作性がいいからです。
　しかし好みは人それぞれ。もしかしたらアプリの起動に使用しなくても、デスクトップアイコンが少ないと寂しく感じるユーザーがいるのかもしれません。

3 既定では［ごみ箱］のみ☑
されています。

4 ［コンピューター］［ユー
ザーのファイル］［コント
ロールパネル］［ネット
ワーク］を必要に応じて
（ここではすべて）☑し、
［OK］をクリックします。

5 デスクトップアイコンが表示されました。

 新しいデザインのレトロなデスクトップ

　タスクバーの配置を左揃えにして、デスクトップアイコンを追加すると、Windows 11のデザインそ
のままに従来のWindowsの配置さ再現されます。

07
Windows 11を自分流にカスタマイズする

193

07-03
SECTION

ファイル名の拡張子/隠しファイルを表示する

拡張子が表示されないと落ち着かないユーザー向け

エクスプローラーではファイル名の拡張子を表示したり、隠しファイルを表示したりできます。しかしこの設定はエクスプローラーのみならずデスクトップ全体の表示にも影響しますので、設定の結果を見て判断すればいいでしょう。

ファイル名の拡張子を表示する

1 エクスプローラーを開いて、[表示] をクリックして、[表示] をポイントし、[ファイル名拡張子] をクリックします。

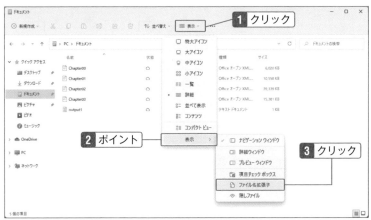

2 ファイル名の拡張子が表示されました。

隠しファイル／隠しフォルダーを表示する

1 エクスプローラーを開いて、[表示] をクリックして、[表示] をポイントし、[隠しファイル] をクリックします。

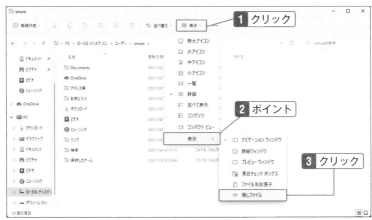

2 隠しファイルおよび隠しフォルダーが表示されました。

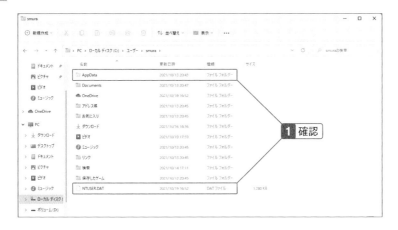

ONE POINT 階層が深くなったファイル名拡張子と隠しファイルの変更

Windows 11のエクスプローラーはリボンを廃止したため [表示] タブがなくなり、[ファイル名拡張子] [隠しファイル] のチェックボックスが用意されません。

Windows 11は [表示] > [表示]、Windows 10は [表示] と手順としては1ステップ多くなっただけですが、印象としてはそれ以上に階層が深くなった感があります。

▲ Windows 10のエクスプローラーは [表示] タブに [ファイル名拡張子] [隠しファイル] のチェックボックスが用意されています

07

Windows 11を自分流にカスタマイズする

195

07-04
SECTION

エクスプローラーにライブラリを
表示する

個人用フォルダーとパブリックフォルダーを活用するなら

ライブラリは複数のフォルダーを統合して表示する仮想統合フォルダーです。Windows
10以降エクスプローラーの最上部はクイックアクセスに取って代わられましたたが、そ
の前まではライブラリが主役でした。Windows 11でもライブラリ機能は健在です。

エクスプローラーにライブラリを表示する

1　[表示] をクリックして、[オプション] をクリックします。

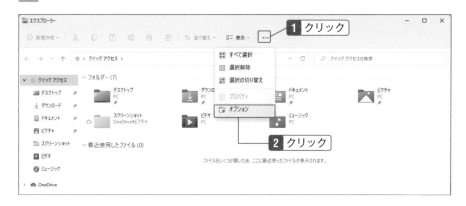

2　[表示] をクリックし、[ライブラリの表示] を☑して、[OK] をクリックします。

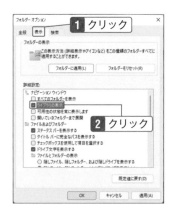

3 ナビゲーションウィンドウにライブラリが追加されました。

ONE POINT **フォルダーオプションを変更せずにライブラリを表示する**

ライブラリはフォルダーオプションでナビゲーションウィンドウにライブラリを表示しなくても、直接表示する方法があります。しかし日常的に使用するなら、ナビゲーションウィンドウに表示したほうが便利です。

アドレスボックスの左端の[>]をクリックすると、[ライブラリ]が見つかります。

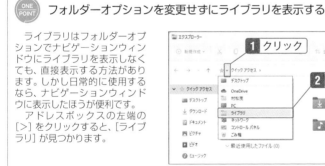

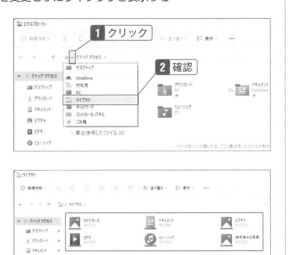

ライブラリの場所を追加する

パブリックのサブフォルダーをライブラリに追加する

Windows 11の各ライブラリは原則的に表示フォルダーとして個人用フォルダーのサブフォルダーしか登録されていません。必要に応じて他のフォルダーを追加します。ここでは従来どおりパブリックのサブフォルダーを追加する手順を解説します。

ライブラリの場所にパブリックのサブフォルダーを追加する

1 エクスプローラーで [ライブラリ] を開いて、個別のライブラリ (ここでは [ドキュメント]) をクリックして選択します。

2 […] (もっと見る) をクリックし、[プロパティ] をクリックします。

3 [追加] をクリックします。

4 ナビゲーションウィンドウをスクロールダウンします。

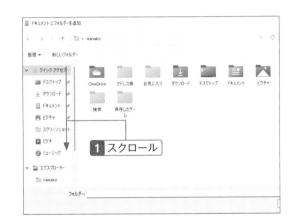

5 [PC] 左の [>] をクリックして展開します。

07 Windows 11 を自分流にカスタマイズする

199

6 [ローカルディスク] 左の [>] をクリックして展開します。

7 [ユーザー] 左の [>] をクリックして展開します。

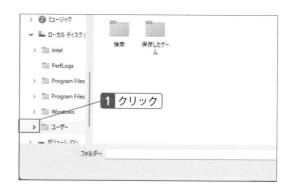

8 [パブリック] をクリックして選択します。

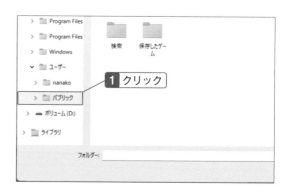

9 [パブリックのドキュメント] をクリックして選択し、[フォルダーを追加] をクリックします。

10 ライブラリの場所が追加されました。[OK] をクリックします。

ONE
POINT **最初は長い手順も次回は参照履歴が利用できる**

ライブラリの場所の追加では [パブリック] の場所が深くなっているため、とても長い手順になります。しかし一度ライブラリにフォルダーを追加すると、次は別のライブラリにフォルダーを追加する場合でも、参照の履歴が残っています。

以前のバージョンのMicrosoft IMEを使用する

IMEを詳細設定したいユーザー向け

Windows 11のMicrosoft IMEは変換効率が改善されたという印象です。しかしながらかつて用意された［Microsoft IMEの詳細設定］が用意されません。従来のように細かくカスタマイズしたいなら以前のバージョンのMicrosoft IMEを使用します。

以前のバージョンのMicrosoft IMEに切り替える

1 ［設定］＞［時刻と言語］を開いて、［言語と地域］をクリックします。

2 日本語欄の［…］をクリックして、［言語のオプション］をクリックします。

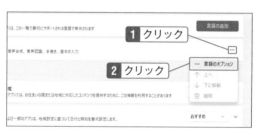

3 Microsoft IME欄の［…］をクリックして、［キーボードオプション］をクリックします。

4 [全般] をクリックします。

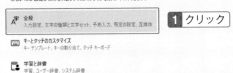

5 スクロールダウンします。

6 [以前のバージョンのMicrosoft IMEを使う] をスライドしてオンにします。

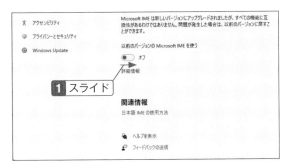

Windows 11を自分流にカスタマイズする

ONE POINT 以前のバージョンを使用する
理由

　Windows 11に搭載される最新のMicrosoft IMEは、Windows 10 October 2020 Update（バージョン 2004）の時点で更新されたものです。
　しかしながら [Microsoft IMEの詳細設定] が消えてしまったので、設定できる項目がほとんどなくなりました。詳細にカスタマイズしてきたユーザーがこれまで通りの使い方をしたいなら、以前のバージョンのMicrosoft IMEを使わざるを得たいというわけです。

7 [OK] をクリックします。

8 [以前のバージョンのMicrosoft IMEを使う] がオンになりました。[詳細設定を開く] をクリックします。

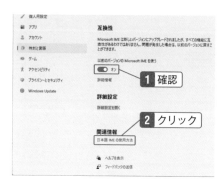

9 [Microsoft IMEの詳細設定] の [全般] タブが開きました。その他のタブも健在です。

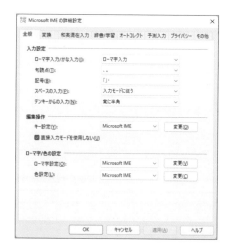

Chapter

08

Windows11
困ったを即解決！最新Q&A

初めて目にするWindows11は、だれもが戸惑ったり困ったりするものです。この章では、そんなWindows11のトラブル解決法を、わかりすく解説しています。これでWindows11を自由自在に使えて、いざというときのトラブルに遭遇しても、慌てずに対処できるようになります。

08-01
SECTION

Q
スタートボタンを左下端に戻したい

A
タスクバーの設定画面でタスクバーの配置を変更します

　Windows 11の初期設定では、スタートボタンが中央付近に表示されていますが、タスクバーの配置を変更すれば、従来通り左下端に表示させられます。タスクバーの配置を変更するには、タスクバーの余白部分を右クリックし、[タスクバーの設定]をクリックして次の手順に従います。

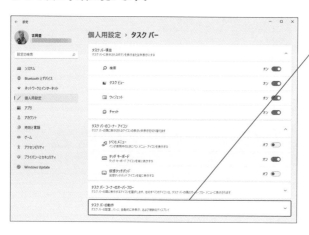

1 **タスクバーの動作**を
クリック

1 **中央揃え**をクリック

2 **左揃え**を選択

タスクバーの配置が左揃えに変更されました

08-02

SECTION

Q
メールやLINEの通知が煩わしい

A
集中モードで通知される時間帯を設定します

　初期設定では、メールやLINE、Microsoft Edgeなどのアプリからメッセージが届くたびに右下に通知が表示されます。通知が煩わしいと感じる場合は、集中モードを利用して通知が表示される時間帯を設定しましょう。集中モードを有効にするには、タスクバー右端の日付を右クリックし、[通知設定]を選択して、表示される画面で[集中モード]をクリックして次の手順に従います。

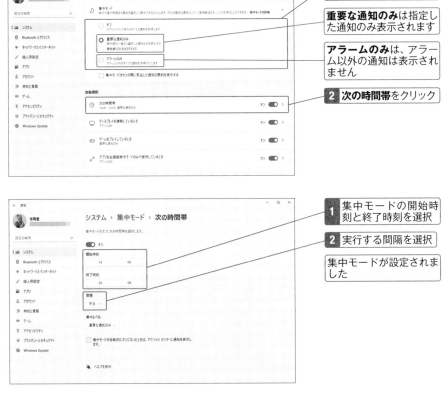

1 目的の集中モードを選択

重要な通知のみは指定した通知のみ表示されます

アラームのみは、アラーム以外の通知は表示されません

2 次の時間帯をクリック

1 集中モードの開始時刻と終了時刻を選択

2 実行する間隔を選択

集中モードが設定されました

Q
通知の一覧を表示したい

A
タスクバー右端の日付をクリックすると表示されます

　Windows 10では、タスクバーの右端に表示されている [アクションセンター] のアイコンをクリックすれば通知の一覧を表示できました。しかし、Windows 11では [アクションセンター] のアイコンがなくなってしまいました。通知の一覧を表示したいときは、タスクバー右端の日付をクリックします。なお、右端はデスクトップの表示になるので注意しましょう。

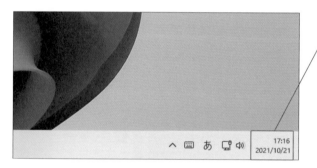

1 タスクバーの右端に
ある日付をクリック

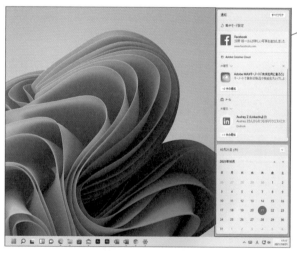

カレンダーと通知の一覧
が表示されます

08-04
SECTION

Q
ウィジェットを非表示にしたい

A
タスクバーの設定画面でウィジェットを非表示にします

　ウィジェットが必要ない場合は、タスクバーから［ウィジェット］のアイコンを非表示にしてみましょう。［ウィジェット］アイコンを非表示にするには、タスクバーの余白部分を右クリックし、［タスクバーの設定］をクリックして次の手順に従います。

> **1** **ウィジェット**をオフにする

> **ウィジェット**のアイコンが非表示になりました

Q
タッチキーボードのアイコンが見当たらない

A
タスクバーの設定画面でタッチキーボードを有効にします

　タスクバーにタッチキーボードのアイコンが見当たらない場合は、タスクバーの設定画面でタッチキーボードを有効にしましょう。タッチキーボードを有効にするには、タスクバーの余白部分を右クリックし、[タスクバーの設定] をクリックして、次の手順に従います。なお、タッチキーボードを利用する際には、タスクバーのタッチキーボードのアイコンをクリックして、タッチキーボードを表示させます。

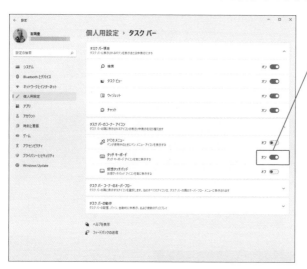

> **1** **タッチキーボード**を
> オンにする

> タッチキーボードが有効
> になりました

> タッチキーボードを表示
> するには、タスクバーの
> 通知領域に表示される
> [タッチキーボード]アイ
> コンをクリックします

Q
タッチキーボードをカスタマイズしたい

A
タッチキーボードの設定画面で設定を変更します

　Windows 11のタッチキーボードでは、テーマを設定したり、文字のサイズを変更したりして、オリジナルのタッチキーボードを作成できます。タッチキーボードをカスタマイズするには、デスクトップ画面を右クリックし、ショートカットメニューで[個人設定]を選択すると表示される[個人用設定]で[タッチキーボード]をクリックして次の手順に従います。

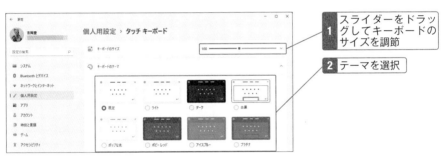

1 スライダーをドラッグしてキーボードのサイズを調節

2 テーマを選択

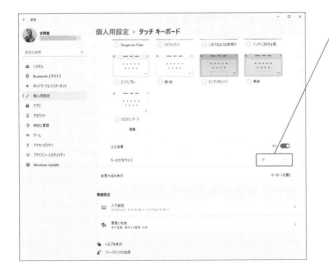

1 キーの文字のサイズを選択

タッチキーボードがカスタマイズされました

Q
Cortanaが見当たらない

A
Cortanaを起動しサインインすれば有効になります

　Windows 11では、Cortanaはタスクバーから削除されていますが、アプリとしては
プレインストールされています。Cortanaを利用したい場合は、スタートメニューから
Cortanaを起動し、サインインすることで有効になります。なお、スタートメニューで
Cortanaを検索する場合、カタカナで入力しても正しい検索結果が表示されないため、
「cortana」とアルファベットで入力しましょう。

`1` スタートメニューで
アプリの一覧を表示

`2` **Cortana**をクリック

Cortanaが起動します

`1` **サインイン**をクリック

以降表示される画面に
従ってサインインを実行
するとCortanaが有効
になります

Q
[設定] はどうやって開くの？

A
スタートメニューにある [設定] のアイコンをクリックします

　[設定] を表示したい場合は、スタートボタンをクリックしてスタートメニューを表示すると、[ピン留め済み] アプリの一覧から [設定] をクリックします。また、スタートボタンを右クリックし、ショートカットメニューで [設定] を選択しても表示されます。

スタートメニューの**ピン留め済み**の一覧にある**設定**をクリックします

スタートボタンを右クリックすると表示されるメニューで**設定**を選択しても**設定**画面を表示できます

SECTION

Q
アプリをアンインストールしたい

A
[設定] の [アプリと機能] で不要なアプリをアンインストールします

　アプリをアンインストールしたいときは、スタートボタンを右クリックし、ショート
カットメニューで [アプリと機能] を選択して [設定] の [アプリと機能] を表示し、次の
手順に従います。また、スタートメニューのアプリの一覧で、目的のアプリを右クリック
し、[アンインストール] を選択しても、アプリをアンインストールできます。

> **1** 目的のアプリの 🔢 を
> クリック

> **2** **アンインストール**を
> 選択

> **1** **アンインストール**を
> クリック

> アプリのアンインストー
> ルが実行されます

08-10
SECTION

Q
タスクマネージャーの表示方法がわからない

A
スタートボタンを右クリックすると表示されるメニューを利用します

Windows 10以前では［タスクマネージャー］は、タスクバーの余白部分を右クリックすると表示されるショートカットメニューから表示できましたが、Windows 11ではメニューが表示されません。Windows 11で［タスクマネージャー］を表示するには、［スタート］を右クリックし、ショートカットメニューで［タスクマネージャー］を選択して、次の手順に従います。

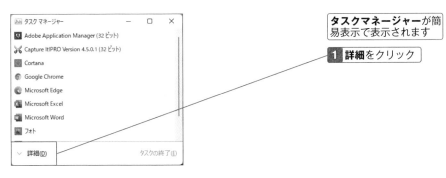

タスクマネージャーが簡易表示で表示されます

1 **詳細**をクリック

タスクマネージャーが表示されました

08

Windows 11困ったを即解決！最新Q&A

215

08-11
SECTION

Q
アプリの探し方がわからない

A
スタートメニューの [すべてのアプリ] をクリックしてアプリの一覧を表示します

スタートメニューには、[ピン留め済み] と [おすすめ] のアプリが表示されています。アプリの一覧を表示したいときは、スタートメニューで [すべてのアプリ] をクリックします。また、インデックス (アプリの頭文字) でアプリを絞り込みたいときは、アプリの一覧を表示し、次の手順に従います。

1 アプリの一覧を表示

2 インデックス (ここでは **A**) をクリック

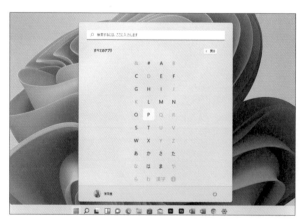

インデックスの一覧が表示されます

該当アプリがインストールされているインデックスは濃い文字で表示されています

目的のインデックスをクリックすると、該当するアプリが一覧で表示されます

08-12
SECTION

Q
ファイルの拡張子や隠しファイルを表示したい

A
ウィンドウにある [表示] のメニューを利用します

Windows 11では、エクスプローラーのウィンドウ上部に表示されていたリボンが廃止され、メニュー表示になりました。ファイルの拡張子や隠しファイルを表示したいときは、ウィンドウにある [表示] をクリックしてメニューを表示し、[表示] を選択して、[ファイル名拡張子] や [隠しファイル] を選択します。

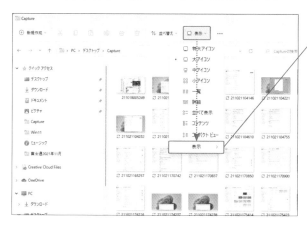

1 表示→表示をクリック

拡張子を表示する場合は**ファイル名拡張子**を選択します

隠しファイルを表示する場合は**隠しファイル**を選択します

Q

ファイルを圧縮するにはどうすればいい？

A

⋯（もっと見る）のメニューを利用します

　ファイルやフォルダーを圧縮したい場合は、目的のファイル、フォルダーを選択し、ウィンドウの⋯（もっと見る）をクリックして［ZIPファイルに圧縮する］を選択します。また、目的のファイル、フォルダーを選択して右クリックし、［ZIPファイルに圧縮する］を選択しても、ファイル、フォルダーを圧縮できます。

1	目的のフォルダーを選択
2	⋯（もっと見る）をクリック
3	**ZIPファイルに圧縮する**を選択

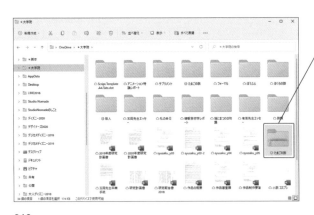

フォルダーが圧縮されました

Q
Internet Explorerがなくなって困った！

A
Microsoft EdgeのIEモードを有効にします

　古いWebサイトの中には、Internet Explorerでしか表示できないものもあります。Windows 11にはInternet Explorerがインストールされていませんが、Microsoft EdgeのIEモードを有効にすると、Internet Explorer対応のWebサイトを適切に表示できます。IEモードを有効にするには、Microsoft Edgeの画面右上にある⋯（設定など）をクリックし、メニューで［設定］を選択して［設定］画面を表示し次の手順に従います。

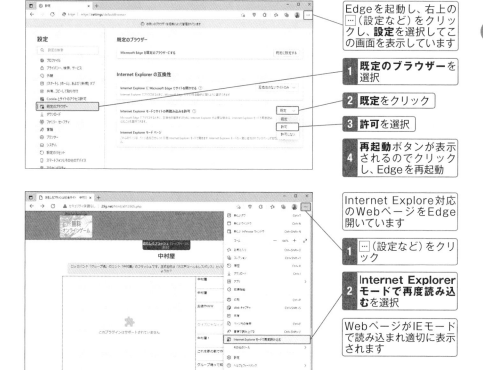

Edgeを起動し、右上の⋯（設定など）をクリックし、**設定**を選択してこの画面を表示しています

1 **既定のブラウザー**を選択

2 **既定**をクリック

3 **許可**を選択

4 **再起動**ボタンが表示されるのでクリックし、Edgeを再起動

Internet Explore対応のWebページをEdge開いています

1 ⋯（設定など）をクリック

2 **Internet Explorer モード**で再度読み込むを選択

WebページがIEモードで読み込まれ適切に表示されます

Q
コントロールパネルが見当たらない

A
コントロールパネルを検索して表示します

Windows 11では、アプリの一覧に［コントロールパネル］が見当たりません。しかし、［コントロールパネル］は用意されています。この場合、スタートメニューの検索ボックスで、「コンパネ」とキーワードに検索を実行します。また、スタートメニューのアプリの一覧で［Windowsツール］を選択すると表示されるウィンドウで［コントロールパネル］のアイコンをダブルクリックしても表示できます。

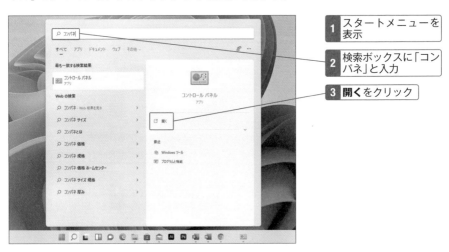

1 スタートメニューを表示

2 検索ボックスに「コンパネ」と入力

3 **開く**をクリック

コントロールパネルが表示されました

Q
動画やゲームの画面をキャプチャするには

A
Xbox Game Barを利用します

ゲームの実況動画やアプリのマニュアル作成などの画面を撮影したい場合は、Xbox Game Barを利用すると便利です。Xbox Game Barを利用してキャプチャを撮影するには、[設定] を表示し、左側のメニューで [ゲーム] を選択して、表示される画面で [Xbox Game Bar] をクリックし、次の手順に従います。

1 コントローラーのこのボタンを使用して**Xbox Game Barを開く**をオンにする

1 撮影したい画面を表示

2 キーボードで ■＋Alt＋Gキーを押す

Xbox Game Barが起動します

3 **キャプチャ**🎞 をクリック

キャプチャパネルが表示されている状態にします

4 **録画を開始**をクリックして画面の録画を開始します

静止画を撮影する場合は、**スクリーンショットを作成** ● をクリックします

08

Windows 11困ったを即解決！最新Q&A

> **ONE POINT** もっと気軽に画面をキャプチャしたい
>
> 静止画で画面をキャプチャしたい場合は、キーボード操作でもっと気軽にキャプチャできます。全画面のキャプチャならキーボードで ■＋Print Screen キーを、アクティブウィンドウなら ■＋Alt＋Print Screen キーを押します。撮影されたキャプチャは、全画面は [ピクチャ] フォルダーにある [スクリーンショット] フォルダーに、アクティブウィンドウは [ビデオ] フォルダーにある [キャプチャ] フォルダーに保存されます。

Q
ショートカットメニューの項目が減った

A
オプションを表示します

Windows 11では、ファイルやフォルダー、画面の余白を右クリックすると表示されるショートカットメニューの内容が見直され、使用頻度の高い項目に絞られました。ショートカットメニューを従来の形式で表示したい場合は、表示されるショートカットメニューの最下部にある [その他のオプションを表示] をクリックします。

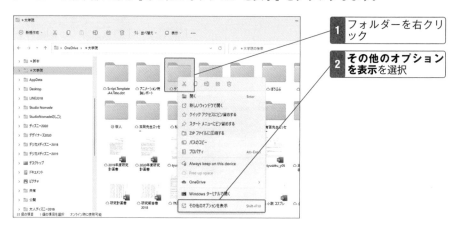

1 フォルダーを右クリック

2 その他のオプションを表示を選択

従来のショートカットメニューが表示されます

08-18
SECTION

Q
アニメーション効果や透明効果が好きじゃない

A
視覚効果を無効にします

　Windows 11では、様々なアニメーション効果が設定されています。また、ポップアップなどの背景が擦りガラスのように透けて見える透明効果が設定されています。これらの効果によって、親しみやすさや柔らかさを演出していますが、無効にすることもできます。視覚効果を無効にするには、[設定] で [アクセシビリティ] を選択し、[視覚効果] をクリックすると表示される画面で各効果をオフにします。

1 設定を表示

2 アクセシビリティをクリック

3 視覚効果をクリック

1 透明効果をオフにする

2 アニメーション効果をオフにする

視覚効果が無効になりました

08

Windows 11困ったを即解決！最新Q&A

223

Q
文字が小さくて読みづらい

A
文字のサイズを大きくします

　画面の文字が小さくて読みづらい場合は、[設定] を開いて、[アクセシビリティ] を選択し、[テキストのサイズ] をクリックします。[テキストのサイズ] のスライダーをドラッグし、適切な文字のサイズを設定します。変更された文字のサイズは、ウィンドウやアプリに反映され、メニューやボタン名などの文字が調節されます。

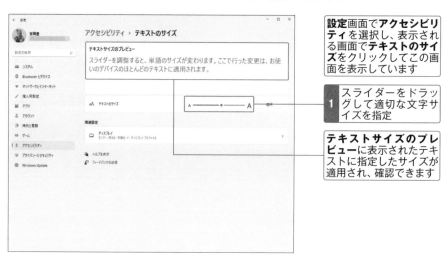

設定画面で**アクセシビリティ**を選択し、表示される画面で**テキストのサイズ**をクリックしてこの画面を表示しています

1 スライダーをドラッグして適切な文字サイズを指定

テキストサイズのプレビューに表示されたテキストに指定したサイズが適用され、確認できます

ウィンドウやアプリに指定した文字サイズが適用されます

08-20
SECTION

Q
マウスポインターが小さくて見えづらい

A
マウスポインターのサイズとスタイルを変更します

　マウスポインターが小さくて読みづらい場合は、[設定] を開いて、[アクセシビリティ] を選択し、[マウスポインターとタッチ] をクリックします。[マウスポインターのスタイル] でスタイルを選択し、[サイズ] のスライダーをドラッグして適切なサイズを指定します。

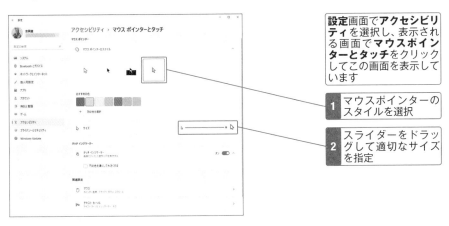

設定画面で**アクセシビリティ**を選択し、表示される画面で**マウスポインターとタッチ**をクリックしてこの画面を表示しています

1 マウスポインターのスタイルを選択

2 スライダーをドラッグして適切なサイズを指定

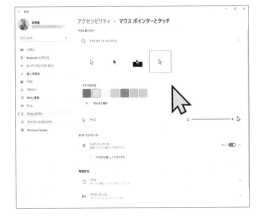

マウスポインターのサイズとスタイルが変更されました

08

Windows11困ったを即解決！最新Q&A

225

用語索引

【読者特典】 切り取って使える!
時短に役立つ!!主な最新ショートカットキーの一覧

これだけは覚えておくと便利なショートカットキー	
切り取る	`CTRL` + `X`
コピーする	`CTRL` + `C`
貼り付ける	`CTRL` + `V`
操作を元に戻す	`CTRL` + `Z`
開いているアプリ間でアクティブなウィンドウ切り替える	`ALT` + `TAB`
アクティブな項目を閉じる/アクティブなアプリを終了する	`ALT` + `F4`
パソコンをロックする	`⊞` + `L`
デスクトップを表示または非表示にする	`⊞` + `D`
名前を変更する	`F2`
作業中のウィンドウを最新の情報に更新する	`F5`
サインイン画面でパスワードを表示する	`ALT` + `F8`
項目を開かれた順序で順番に切り替える	`ALT` + `ESC`
選択した項目のプロパティを表示する	`ALT` + `ENTER`
作業中のウィンドウのショートカットメニューを開く	`ALT` + `        ` (スペースキー)
前に戻る	`ALT` + `←`
次に進む	`ALT` + `→`
1 画面上へ移動する	`ALT` + `PageUp`
1 画面下へ移動する	`ALT` + `PageDown`
作業中のドキュメントを閉じる	`CTRL` + `F4`
すべての項目を選択する	`CTRL` + `A`
選択した項目を削除しごみ箱に移動する	`DEL`
作業中のウィンドウを最新の情報に更新する	`CTRL` + `R`
操作をやり直す	`CTRL` + `Y`
次の単語の先頭にカーソルを移動する	`CTRL` + `→`

切り取り線

前の単語の先頭にカーソルを移動する　　　CTRL + ←

次の段落の先頭にカーソルを移動する　　　CTRL + ↓

前の段落の先頭にカーソルを移動する　　　CTRL + ↑

方向キーを使って、開いているすべてのアプリ間で切り替える　　　CTRL + ALT + TAB

スタートメニュー内でフォーカスされているグループまたはタイルを指定した方向に移動する　　　ALT + SHIFT + 方向キー

スタートメニューが開いているときにサイズを変更する　　　CTRL + 方向キー

ウィンドウ内またはデスクトップ上の複数の項目を個別に選択する　　　CTRL + 方向キー + [　　　　] (スペースキー)

テキストのブロックを選択する　　　CTRL + SHIFT + 方向キー

スタートメニューを開くまたは閉じる　　　⊞

タスクマネージャーを開く　　　CTRL + SHIFT + Esc

キーボード レイアウトを切り替える　　　CTRL + SHIFT

選択した項目のショートカット メニューを表示する　　　SHIFT + F10

選択した項目をごみ箱に移動せずに削除する　　　SHIFT + DEL

右側にある次のメニューを開く、またはサブメニューを開く　　　→

左側にある次のメニューを開く、またはサブメニューを閉じる　　　←

現在の作業を停止または終了する　　　Esc

画面全体のスクリーンショットを撮影し、クリップボードにコピーする　　　Print Screen

アクティブになっているウインドウだけのスクリーンショットを撮る　　　ALT + Print Screen

Windowsキーを使ったショートカットキー

スタートメニューを開くまたは閉じる　　　

229

モード選択と音量を開くまたは閉じる	⊞ + A	
通知領域にフォーカスを設定する	⊞ + B	
チャットを開くまたは閉じる	⊞ + C	
デスクトップのすべてのウィンドウを表示または非表示にする	⊞ + D	
エクスプローラーを開く	⊞ + E	
フィードバックHubを開き、スクリーンショットを撮る	⊞ + F	
設定を開く	⊞ + I	
[接続]クイックアクションを開く	⊞ + K	
PC をロック、またはアカウントを切り替える	⊞ + L	
すべてのウィンドウを最小化する	⊞ + M	
通知とカレンダーを表示する	⊞ + N	
プレゼンテーション表示モードを選択する	⊞ + P	
検索ボックスを開く	⊞ + Q	
クイック アシストを開く	⊞ + CTRL + Q	
検索を開く	⊞ + S	
画面の撮影方法を選択し、撮影した画像をクリップボードにコピーする	⊞ + SHIFT + S	
[設定]のアクセシビリティを開く	⊞ + U	
ウィジェットを開く	⊞ + W	
[クイックリンク]メニューを開く	⊞ + X	
アクティブなウィンドウのスナップレイアウトを表示する	⊞ + Z	
絵文字パネルを開く	⊞ + . (ピリオド)	
デスクトップを一時的にプレビューする	⊞ + , (カンマ)	
最小化ウィンドウをデスクトップに復元する	⊞ + SHIFT + M	
タスク ビューを開く	⊞ + TAB	
ウィンドウを最大化する	⊞ + ↑	
画面の左側にウィンドウを最大化する	⊞ + ←	

切り取り線

切り取り線

画面の右側にウィンドウを最大化する	⊞ + →
アクティブなウィンドウを除くすべてのウィンドウを最小化する	⊞ + Home
入力言語とキーボード レイアウトを切り替える	⊞ + [　] (スペースキー)
以前に選択されていた入力値に変更する	⊞ + CTRL + [　] (スペースキー)
ナレーターをオンにする	⊞ + CTRL + Enter
拡大鏡を開く	⊞ + +
選択した文字列のIMEの再変換を開始する	⊞ + /

エクスプローラーで使えるショートカットキー

アドレス バーを選択する	ALT + D
検索ボックスを選択する	CTRL + E
開いているページ内のキーワード検索する	CTRL + F
新しいウィンドウを開く	CTRL + N
エクスプローラーで検索ボックスを選択する	F3
エクスプローラーでアドレスバーリストを表示する	F4
作業中のウィンドウを閉じる	CTRL + W
新しいフォルダーを作成する	CTRL + SHIFT + N
選択したフォルダーを展開する	Num Lock + +
選択したフォルダーを折りたたむ	Num Lock + −
プレビューを表示する	ALT + P
次のフォルダーを表示する	ALT + →
フォルダーの親フォルダーを表示する	ALT + ↑
前のフォルダーを表示する	ALT + ←
文字を1文字ずつ後退しながら消す	Backspace
作業中のウィンドウの一番下を表示する	End
作業中のウィンドウの一番上を表示する	Home
作業中ウィンドウを最大化または最小化する	F11

■著者

村松　茂（むらまつ・しげる）

海外旅行業界誌の編集記者としてキャリアをスタート。後
にコンピューター系出版社に移籍して、企業系コンピュー
ターネットワーク雑誌、PC組み立て雑誌、オーディオビ
ジュアル雑誌の編集を担当する。現在はフリーランス編集
記者として、コンピューター、ネットワークを中心に執筆
活動している。

■デザイン／金子　中

■執筆協力／吉岡　豊

Windows11
新機能完全マニュアル

発行日	2021年11月25日	第1版第1刷

著　者　村松　茂

発行者　斉藤　和邦
発行所　株式会社　秀和システム
　　　　〒135-0016
　　　　東京都江東区東陽2-4-2　新宮ビル2F
　　　　Tel 03-6264-3105（販売）Fax 03-6264-3094
印刷所　三松堂印刷株式会社　　　　Printed in Japan

ISBN978-4-7980-6646-2 C3055